ワンクリック革命

One Click Revolution

ネット電子部品取引が変える
"日本のモノづくり"

横　伸二 著
Yoko Shinji

同友館

はじめに

新製品開発は、設計から発売までのスピードの速さを競うプロジェクトであり、世界中のメーカーにとって期間短縮（Time to Market）は永遠の課題となっている。日本企業は、看板方式に代表されるように、一般的に製造工程のリードタイム短縮は世界の最高レベルだが、設計工程の期間短縮（Time to Design）は欧米企業に比べて、一部企業を除くとかなり遅れている。

たとえば、欧米では、設計エンジニアが会社のクレジットカードのインターネット決済で、自由に新製品サンプルを入手しているのに対して、日本メーカーの設計部門は、設計・評価に必要な半導体・電子部品サンプルを自身のクレジットカードを使用しても自由に入手できない仕組みになっているのが普通だ。一方、部品メーカーの営業部隊も少量のサンプル出荷には、社内の手続きを通すのに時間がかかり、学校、研究所、ベンチャー企業などは必要部品を迅速に入手できないのが現状である。

インターネットの普及によって、私たちの日常生活は一変した。アマゾンに代表されるように、あらゆる商品やサービスがネット決済で取引され、現金を必要としない生活が成り立っている。電子部品の業界まで急速に進んでいる、このパラダイムの変化に気付いていない日本の多くの企業と海外メーカーとでは、差が開くばかりである。

筆者は長年にわたり、日本の電子部品メーカーＴＤＫで米国法人と欧州法人の経営に携わり、その間グローバルな情報システム構築と運用に取り組んできた。現地法人経営とシステム構築を通して痛感したのは、日本の製造業の生産性は世界のトップクラスであるが、ホワイトカラーの生産性は先進国の中で最低ランクであることだった。働き方改革など、日本政府が推し進める改革案のなかには、ＩＴをもっと効果的に活用すれば、解決できる策がたくさんある。

その想いは、ＴＤＫ時代に確信していたが、ある米国企業の日本進出を手伝ったことで、より強くなった。筆者は、縁あって２０１５年に、ウォーレン・バフェット氏が率いるグループ会社の電子部品商社「マウザー・エレクトロニクス」の日本支社設立を依頼され、中心メンバーとなって支社を立ち上げた。マウザー社は、インターネットで電子部品を１個からでも世界中に売るというビジネスモデルを構築し、今では年間１５００億円近い売り上げと高収益の会社として成功している。私にとっては土地勘のある電子部品販売なので、気安く引き受けてみたが、正直なところ、最初は部品の販売代理店という程度の認識だった。

しかし、日本法人の経営に関与していくなかで、そのビジネスモデルを理解すればする程、彼らの革新性の高さに驚いてしまった。高品質や安全性を求められる電子部品の業界にまで、アマゾンで書籍を買う様な便利さでＩＴが活用されて、効果を上げている事に感激した。インターネットによる世界の電子部品市場の年間総売り上げは約６５００億円であるが、この市場はマウザーはじめ欧米の会社４社がほぼ支配している。日本の商社は、強い日本の電子部品を抱えながら、誰もこのようなビジネスモデルを構築できなかったのはなぜだろうか。

アメリカの調査会社のデータによると２０２０年までに、アメリカで１００万人のＢtoＢ営業スタッフが職を失うとも言われている。電子部品を購入する電子機器メーカーにとっても、購買の機能がＩＴに取って替わろうともしている。大きなパラダイムの変化に、ガラパゴス化した日本の産業界は気付いていない。これらの変化に対応するには、日本独自の文化的障壁もあって、突破するのは容易ではない。

本書は、「Time to Design to Market」の改善がなかなか進まない日本の製造業の現状と課題を、インターネットをフル活用する海外企業との比較を通して、その解決策を考察するものである。特に、インターネット電子部品商社が推進するネット販売の現状とその強みを分析し、その成功事例の一つとして「強い日本メーカーの製品を世界市場に紹介」し、

「単なるネット販売商社ではなく、新しいマーケティング会社」として事業展開する米「マウザー・エレクトロニクス」を取り上げ、現地取材やインタビューを通して、ガラパゴス化した日本の経営者に、その旧態依然とした彼らの経営改善を促す一石を投じてみたい。

日本でも「熱い想いの営業マン」たちの仕事をＩＴがとって代わることができるだろうか。

ＩＴのフル活用によるＢtoＢマーケティングの新たな可能性が、人間から作業の部分を取り払い、人間しかできない本来の仕事に、もっと集中できる時間を与えてくれるであろう事も検証してみたい。

一方、隣国中国のＩＴの爆発的な普及の度合いを目にする度に、経済の規模だけでなく、日本の仕組みの改革スピードの遅さを危惧して止まない。筆者は中国浙江大学で大学院客員教授を務めているが、毎回現地を訪れるたびに、政治的理由を除いて利用できるものは何でも利用するという、中国人の貪欲さとそのスピードの速さに驚愕させられる。

特にこの2－3年の中国は、パラダイムの変化を先取りするかのような異次元の進化を遂げ続けている。それは、古い文化的ビジネス障壁を抱えたまま身動き出来ないでいる日本と比べて対照的だ。筆者が肌で感じ取った異次元の進化をエレクトロニクス業界の皆さんにも共有して頂ければと願っている。

「文化とは、高きところから低きところに流れる水のようなもの」だと言われる。

数百年前には中国から進んだ文化が日本に流れて来た。この四半世紀は欧米や日本の文化が怒涛の如く中国へ流れていった。１６０年前には黒船がやって来て、日本の生活文化まで変えてしまった。その度に日本はやっと号砲が鳴らされて、進化が始まった。

今年は戊年、ドッグイヤー（7倍の速さ）を越えるスピードで進化する中国から「赤船」が艦隊を組んで押し寄せてくる、文化再逆流の時代が始まろうとしている。本書によって、〝モノづくり＝製造のリードタイム〟からビジネスの仕組みまで変える〝Time to Design革命〟が余儀なく始まってくれる事を願っている。

目次

第2章 異次元の進化を遂げ続けるネットビジネス最先進国「中国」

Appendix

第1章

デジタル時代における日本電子産業の弱み

第三次産業革命（インターネット）に乗り遅れた日本
〜製造のリードタイムは世界一なのに、設計のリードタイムは遅れをとってしまった。100年前に始まった第二次産業革命時代のリーダーをいまだに追いかける?〜

ドイツでは近年、インダストリー4.0が唱えられて、ＩｏＴ（Internet of Things: モノとモノとのインターネット）が様々なテクノロジーの世界に入り込んでいる。筆者はＩｏＴが第四次産業革命になりうると考えているが、先進国は皆、まだその実態を実感できてはいない。しかし、誰もがこの第四次産業革命の到来を期待している。産業革命の歴史を振り返ると、次のようになる。

第一次産業革命：１７８０年代、ワットの蒸気機関の実用化
第二次産業革命：１９１４年、フォードのＴ型モデルのベルトコンベヤーライン
第三次産業革命：１９９０年代のインターネットの開発と活用
第四次産業革命：２０１０年代のインダストリー4.0（ＩｏＴ）

日本の電子産業の過去の成功を振り返ると、第二次産業革命でフォード社がハイランドパークに設置したベルトコンベヤーラインによる、製造のリードタイムの画期的な短縮の延長であったように思える。今でも、最も関心が寄せられるのは製造のリードタイム短縮であり、開発から設計までの時間短縮（Time to Design）のトーンは低いままである。

戦後の日本の産業界は、デミング賞をベースにした品質改善と、自動化を中心に生産改革を進めて、「ものづくり大国」を自負しながら、世界をリードするレベルにまで至った。トヨタ生産方式、リーン生産方式、セル方式など世界の模範として、今でも注目を浴びている。しかし、この生産改革は、すべて製造に関するリードタイムの改善である。フォードが起こした第二次産業革命の改善版であり、革命的な変化にまでには至っていない。ドイツが唱えるインダストリー4.0が実現すれば、真に製造の革命であり、産業革命と言えるのであろう。日本は、未だに第三次産業革命であるインターネットの活用が、他の国に比べて充分でなく、その事で、開発、設計のリードタイムが遅れをとっている原因の一部にもなっている。

アナログ技術から、デジタル技術に進化した電子産業界の競争とは、商品を市場に出すまでのリードタイム、つまりTime to Marketの短縮が勝負であり、設計のリードタイムも加算して、開発設計から製造、物流も含めて、市場への投入までのリードタイムを、いかに縮めるかが勝負となる。しかるに、日本の会社は製造のリードタイムは常に経営の目標値に掲げるが、設計のリードタイムを叫ぶ会社は非常に少ないのが現状である。

筆者はＴＤＫ時代に、第二次産業革命を起こしたフォード社の製造ラインの改革に参画した。カナダのトロント郊外で、北米市場に供給する最新のエレクトロニクス工場を建設する事となり、工場の設備一式をターンキー（工場そのものを請け負い、でき上がったら鍵を渡す事で終了する）で請け負うビジネスの獲得に成功した。１９８２年である。この時期は、アメリカの自動車産業界の日本車叩きが活発となり、「アメリカ・ファースト」ではなく、「バイ・アメリカン（Buy American）」が流行語であった。開所式は、さすがに自動車メーカーである、新工場内に新車を入れて、当時のピーターセン社長がデトロイトから出向き、新工場と新車の同時発表を、華々しくおこなった。有難い事に、社長のスピーチには「サンキュー、我々の日本の友人達、君たちのおかげでこの最新鋭の工場ができ上がった。」と日本人である我々をメディアの前で絶賛してくれた。その日のイーブニングニュースにも取り上げられ、我々の姿までも放映してくれた。次の日のトロントスター新聞の一面に、この新工場の誕生を祝うピーターセン社長と我々ＴＤＫメンバーが一緒の写真まで掲載された。

一方、同じ日にデトロイトでは、ＵＡＷ（全米自動車労働組合）が、日本車を大きなハンマーで叩き壊すニュースがＴＶで放映されているのである。今では、トランプ大統領が、このようなアメリカの二面性を判り易く演じてくれているが、当時の我々には理解の出来ない出来事であった。

社内でも、この大きなプロジェクトを受注するにあたって、失敗したらの心配から、反対の声も多かった。日本に帰り、取締役会で「第二次産業革命を成し遂げたフォード社からの自動化の依頼だ、こんな名誉な仕事はない、ぜひやらせて欲しい」と熱弁したのを覚えている。これらの成功談はすべて、日本の製造リードタイムの優位性を、海外に誇っていた時代の話である。

第三次産業革命であるインターネットの民間への普及を提唱した、米国国防省次官「ロバート・コステロ博士」

「開発、設計のリードタイム」で日本が遅れをとっている大きな原因のひとつは、インターネット活用度の低さである（第三次産業革命はインターネットの発明である）。アメリカが主導して１９９０年代から驚異的に発展を続け、今日に至っている。

筆者は１９８７年にアメリカ合衆国政府が、「強いアメリカの復活」を掲げて提案された、国家戦略である「強いアメリカ復活論」の原案に意見を求められたことがある。当時のアメリカの産業界は、日本などに遅れをとっていた。

ロバート・コステロ博士は共和党員であり、１９８４年のレーガン大統領の再選に伴い、国防省に招かれ、省内No.２として活躍していた。１９８７年に、ニューヨークにいた私のホテルに突然電話をしてきて、「読んで意見して欲しい提案書があるので、会ってくれ」と言われ、マンハッタンのホテルで彼がイエローブックと呼ぶ、表紙が黄色い２００頁くらいの論文を手渡された。「この内容を読んでみて、コメントが欲しい、」と言う。「いつまで？」と聞くと、「明日までに」と言われて、徹夜で読んで、数点のコメントを赤字で走り書きをして、翌日、彼のホテルまで届けた。

論文の内容は、アメリカの産業は弱体化して、日本やヨーロッパに先を越されている。アメリカのテクノロジーが、決して負けているのではない。アメリカの軍の技術や、ＮＡＳＡの技術をもっと民間に開放して使わせるべきだ、と言う趣旨を、改革提案として具体的に列記していた。今でもはっきりと覚えているのは、次に関する記述である。

⑴　インターネットの民間利用

⑵　ＧＰＳの民間利用

(3)　軍で使用している、周波数を民間に割り当てる（デジタル化の運用）

その日は徹夜しながら200ページの論文を読む羽目になり、眠い目を擦りながら、アメリカとはこんな具体的な改革案でビジネス界にまで入ってきて、国家戦略として実行するのだ、と逆に興奮が冷めやらなかった。

その後、インターネットの出現、GPSでのナビゲーション活用、今日の携帯電話に繋がるデジタル通信のスタートなど、今にして、コステロ博士の先見性に兜を脱ぐ思いである。国防省次官としてやったのか、共和党員としてかは定かではなかったが、彼の提案があったからこそ、1990年代からインターネットビジネスを中心に、アメリカの産業は蘇り、再び世界のリーダーとしてグローバルビジネスを牛耳る事ができたのであろう。この著でも強調している、ネットビジネスの活用なども、彼の提案が無ければ、実現はしていなかったであろう。

コステロ博士との付き合いは、1976年に遡る。彼は当時、世界最大の企業であった、GM、ゼネラル・モーターズのエレクトロニクスの本部が置かれた、インディアナ州のココモという人口5万人の街で、購買のトップとして活躍していた。バイ・アメリカンを唱えていたGM相手に、当時の筆者も20代の若造であったので、GMとビジネスをする最初の日本人になってやろうと、がむしゃらに彼に挑んでいった。「直ぐに開始できるとは思うな」と言われて、「判りました、３年は待ちます」と返すと、「違う、５年は待て」と言われてしまった。数々の難題を渡され続けたが、何とか解決策を考えて対処した結果、３年でビジネスをスタートする事ができた。今でも自負しているが、私が「ＧＭと直接ビジネスを開始した初めての日本人」であった。

日本を含め多くの外国系の会社は、レップと呼ばれる仲介人を通してのビジネスの機会を伺っていた。筆者も１９７９年にシカゴからインディアナに居を移し、家族と共に、「とうもろこし畑から日が昇り、とうもろこし畑に日が沈む」平坦なインディアナに５年間住むことになり、フージャー（インディアナに住む人々を意味するローカルな言葉）生活を余儀なく過ごす事となった。コステロ博士とも、家族の付き合いをさせてもらう仲となり、信頼し合える友人になっていった。

アメリカ軍の技術の凄さにびっくりしたのは、コステロ博士のＧＭとのビジネスを通してでもある。ＧＭがコンピューター搭載の車、キャデラックを開発したが、そのコンピューターから電子ノイズが出て操作に誤動作を起こす事が判った。この種のノイズと呼ばれるものは、出来上がって、実機に搭載して初めて出る、出ないが判るものであった。このノイズを消去するのに、ＴＤＫのコイルとコンデンサーが必要となった。自動車用だったので、民生用とはレベルが違う、ミリタリースペック用に開発したコイルがノイズを除去する事が判り、大量の注文にTDKは新工場まで建てて、サポートした。投資は一年で回収したが、このビジネスが3年間続いた後、急になくなった。更に搭載数を増やす事になったので、ミサイルや、衛星打ち上げ技術を誇っていた、サンタバーバラのGMの技術陣が入って、TDK部品を使用しなくてよい技術を、開発してしまったのである。コステロ博士は、ココモに来る前はサンタバーバラで、潜水艦探知のソナーを開発していたのである。

コステロ博士は、その後デトロイト本社の購買担当副社長に昇格して、当時のタイム誌の表紙に写真入りで、「世界で一番買い物をする男」の見出しで紹介されていた。

この時期から、アメリカはインターネット技術を進化させて、所謂、Time to Marketをものづくりのリードタイムというよりも、開発、設計のリードタイム短縮にも注目して、新しいデジタルエレクトロニクスの時代を席捲するようになっていった。デジタルの時代では、ものづくりの部分は台湾、中国に持っていかれ、いわゆる「セットメーカー」と呼ばれる日本の多くの機器メーカーは、弱体化していった。本書のテーマである「Time to Design」の遅れもその大きな要因のひとつである。

私たちはまだ、第二次産業革命時代のリーダーとしての名誉を守り続けているようにも思える。日本の電子産業界もIoTを叫ぶ前に、第三次産業革命であるインターネット活用を最大化する「ＩｏＰ（Internet of People）」に注力すれば、設計のリードタイム短縮も容易に達成できると確信している。

1　メーカーの開発スケジュールを４ヵ月短縮できたら

電子機器メーカーの標準的な開発スケジュールを示してみよう（**図１−１**）。開発構想からソフトのアーキテクチャーを構想して、シミュレーションして、サンプル試作をし、量産に入るまでの期間は、一般的に約10ヵ月必要とされる。

ファクスや携帯電話等の通信機器の開発に実際に取り組んできた、シャープ㈱元執行役員、林元日古氏に依ると、後述するマウザー社のインターネットモデルを活用すると、これが最大で４ヵ月も短縮できると言う。製造のリードタイムを４ヵ月短縮するのは並大抵の事ではない。しかし、ビジネスで重要なのは製造のリードタイムや開発・設計のリードタイムを加算した市場投入までの時間、「Time to Market」である。リードタイムを４ヵ月短縮するための取り組みは、たとえばこのような具合である。

● 基本ＯＳの選択や部品の探査：通常３ヵ月→新製品デバイスの情報や、性能データの

図1-1　大手セットメーカーの標準的な開発スケジュール

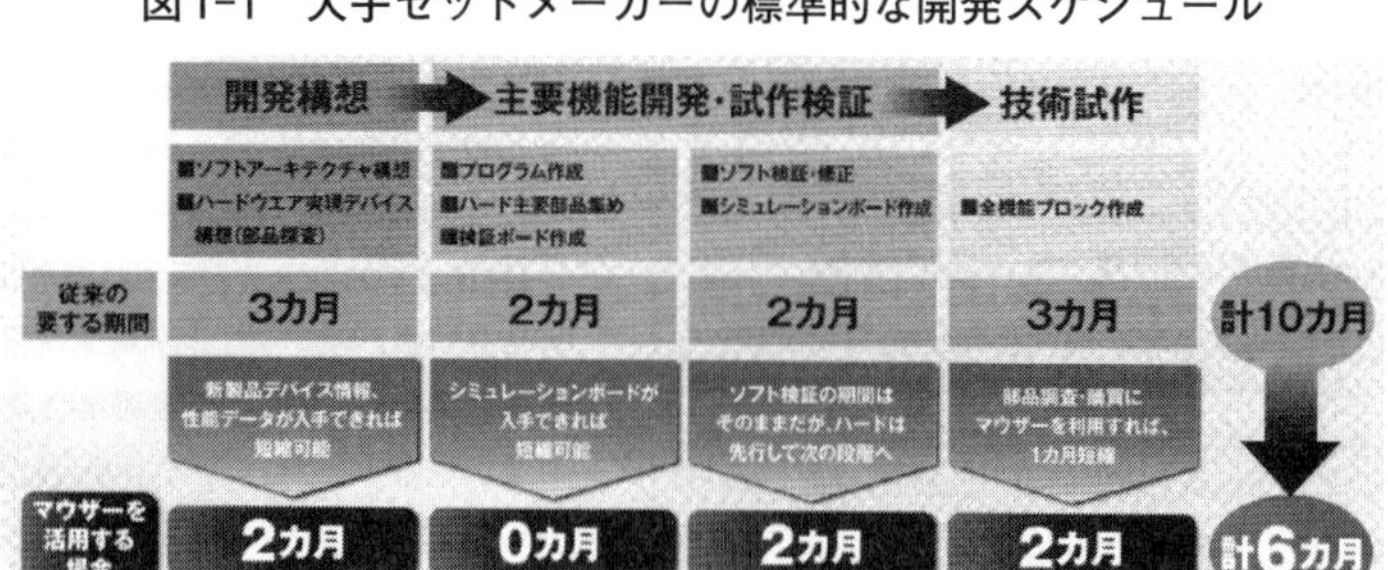

出典：林元日古氏、シャープ（株）元常務執行役員

情報がタイムリーに入手できれば、2ヵ月くらいまで短縮可能（1ヵ月の短縮）。

- ソフトプログラムの作成やハードウェアの主要部品を集めて、ソフトの検証ボードを作成：約2ヵ月↓シミュレーションボードが入手できれば、このプロセスは不要（2ヵ月の短縮）。
- ソフト検証期間：約2ヵ月（このプロセスは短縮できなく、必要な期間）。
- 部品の選択、（BOM）購入とサンプル作成：約3ヵ月↓アマゾンで購入するように、ネットのサイトから購入できれば2ヵ月まで短縮可能（1ヵ月の短縮）。

これが実行できれば、合計約4ヵ月短縮できる。

サプライ・チェーン・マネジメント（Supply Chain Management=SCM）という言葉は、1990年代にコンピューターメーカーのデル社が考案した、画期的な物流改革に基づくビジネスモデルに由来している。デル社創業者のマイケル・デルは、テキサス大学を中退してコンピューターを販売するのに、販売店やディーラーを通して売る従来の販売モデルを、彼らを介さないで、注文生産の製品を直接顧客に販売する事で、販売店に取られるマージンと、直接顧客に届けるスピード経営で、高収益の会社に発展させて、ＰＣメーカーの激しい競争の中で、勝ち残りに成功した数少ない企業となった。彼の成功は Time to Market のプロセスのなかで、物流システムに焦点を当て、時間を短くし、中間マージンまで省いた成功モデルであった。

私が本書で取り上げるのは、エレクトロニクス商品を市場に出す前に、その開発、設計のプロセスを短縮させる策である。日本の電子産業は、全体プロセスの中の、製造の部分に焦点が当たり過ぎて、設計、物流面の短縮は非常に弱いと言わざるを得ない。

改めて問われる日本の開発スピード：パラダイムの変化に気づいていない日本

図１－２は、日本の電子産業の黄金時代が終焉を迎えた、１９９０年以降の収益構造の変化を表した、スマイルカーブと呼ばれるチャートである。丁度、収益カーブがスマイルしているような弧を描くので、スマイルカーブと呼ばれるようになった。利益を示す縦軸で、スマイルカーブの顎の部分＝もっとも収益の低い部分には、加工や組み立てを担って

図1-2　スマイルカーブが語る電子産業の収益構造の変化

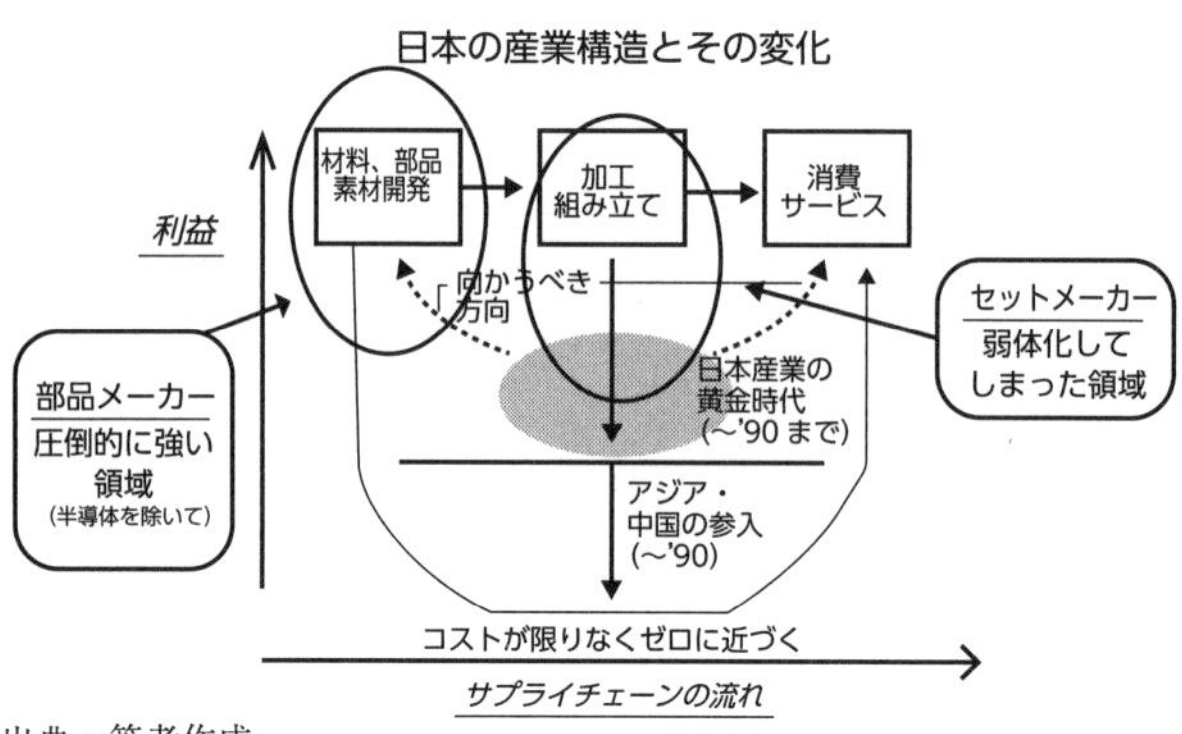

出典：筆者作成

いる「セットメーカー」と呼ばれる電子機器メーカーが位置し、日本のセットメーカーの殆どが含まれる。収益の高い部分を担っているのが、右側の消費、サービス業と言われる大手の量販店などと、左側に位置する素材、部品を作るメーカー企業である。どうしてこのような分布になってしまったのだろうか。

大手のセットメーカーは１９９０年代までは、黄金期を謳歌した。しかし、１９９０年代からこの加工、組み立ての仕事はアジア、中国の会社の参入により、主役の座を奪われたのである。顕著な例がシャープであろう。液晶テレビを初めて世に出し、ブラウン管ＴＶからフラットＴＶへの移行をリードし、携帯電話に世界で初めてカメラを搭載したのも、シャープである。今では、名前は残ったが、台湾のＥＭＳと呼ばれる世界最大の製造委託業であるフォックスコン社に買収されてしまった。

この原因には複数の要因が絡み合っている。筆者がこの業界にいた経験から実感できた要因は、次の６点である。

1　プラザ合意後の急激な円高

１９８５年のプラザ合意で、１ドル２５０円だったのが、１９８８年には倍高の１２０円、１９９５年には95円、最高値は２０１１年10月の75円52銭（日銀統計）である。日本円が３倍以上も高騰したのである。ものづくり大国を誇った日本も、これではいくら改善に努力してもついてゆけなかった。中国の安い人件費を使って、大量に製造の仕事を引き受けるＥＭＳと呼ばれる企業に、その収益性では勝てるメーカーはごく僅かとなっていった。日本のセットメーカーは、生産を中国などの低賃金の国々に移管はしたものの、ＥＭＳには勝てなかった。

しかし、エレクトロニクスの歴史で、先進国がこのような為替の急激な変動を受け入れた例はなかった。中国は元の高騰を恐れて為替を対外貨ごとに２～５％の変動以内に管理しているが、筆者の教える浙江大学や上海大学のＭＢＡの学生に日本の例を教えると、「あり得ない、どうして日本政府はＯＫしたのだろう。やはりアメリカに占領されたままだ、軍隊だけでなく、経済まで牛耳られて最悪だ、我が中国は絶対にそうはさせない」とみな、口を揃えて豪語する。それでも、日本の製造業は完敗することなく、しぶとく生き長らえている事実には敬服する。

2 アナログ技術からデジタル技術への移行

エレクトロニクスの技術は、急激にアナログからデジタルへと移行した。デジタルエレクトロニクスの主役は半導体である。半導体の開発が、セットの性能を決める心臓部分となっていった。アナログ技術の時代には、「ものづくり」においても、「擦り合わせ」と言われる、一種職人芸のような領域があり、簡単に誰でも製品が作れるというものではなく、日本人のきめ細やかさを備えた製造法が必要不可欠であった。しかしデジタル時代になると、その領域は少なくなり、機械さえ備えれば、人とお金があれば、容易く基礎技術が無くても、韓国、台湾企業のようにモジューラー方式で「ものづくり」が出来る時代になっていった。

この世界では、スピードが勝敗を決める大きな要因であり、製造のスピードはもちろんの事、前述したように開発から市場投入までのスピード、「Time to Market」が重要なのだ。

図1-3　情報メディア世界普及率10%までの期間

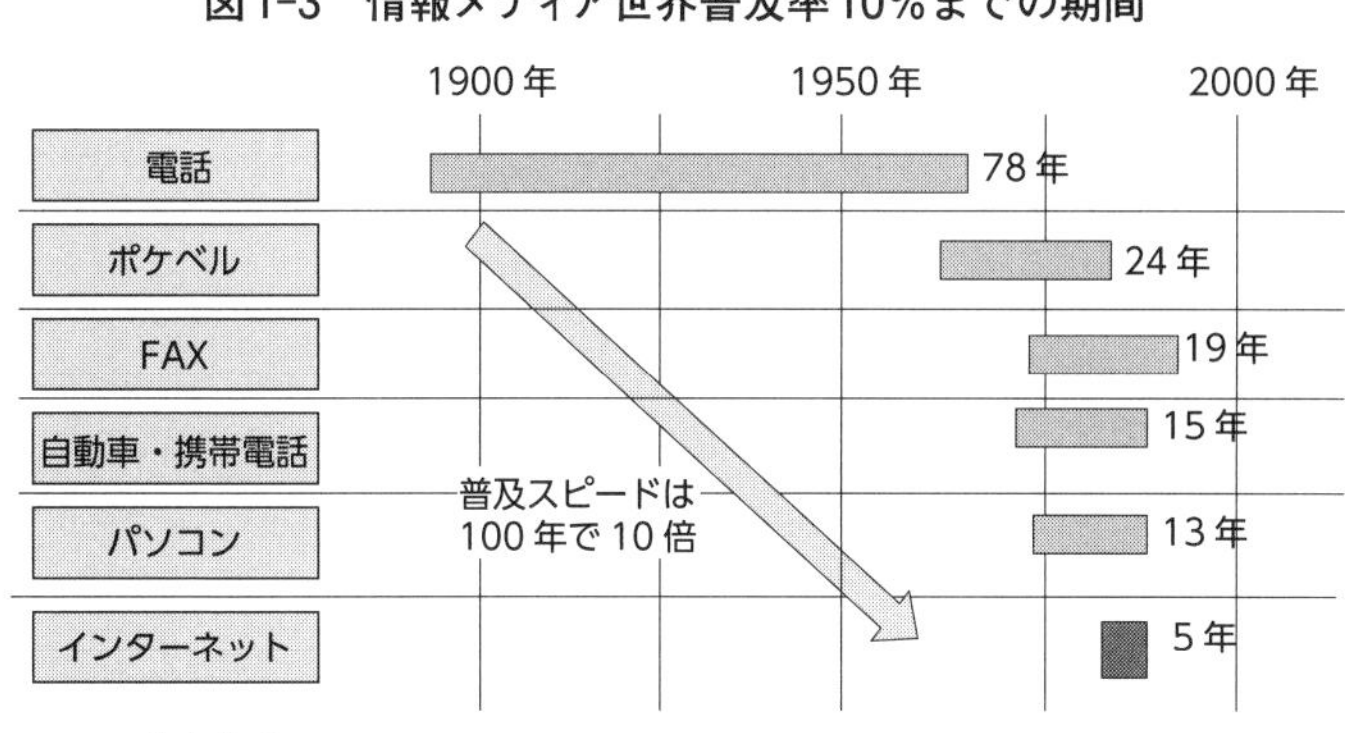

出典：筆者作成

その中にはもちろん、設計時間「Time to Design」が勝負の重要な要になるのはいうまでもない。

図１－３はアナログからデジタルへの変化が、いかに時間短縮の世界を造り出したかを示している。日本の産業界は、このデジタル化の普及において、完全にスピードがついてゆけなかった。デジタル化が経済のグローバル化を高スピードで助長していった。先進国の経済基盤の優位性が消え、新興国には大きなチャンスが訪れた。**図１－３**が示すように、まさに“Time to Market”の競争である。欧米企業は、デジタル商品の時間軸の中で、標準化を主導してオープンな世界をコントロールして、参入障壁を下げることによるスピード勝負で、完成品メーカーの付加価値を奪取っていった。

アナログ時代のモノづくりで日本に負けた欧米は、土俵替え戦略に転換した時でもあった。アナログ時代の垂直統合（擦り合わせ）、匠の技術による日本の優位性はほぼ消滅した。問題は新しい技術を活用して従来の強みを補強しなかった日本の傲慢さ・甘さであり、ＩＴ技術を軽視した結果である。

3 半導体業界の衰退

１９９０年頃までの世界の半導体の市場は、日本勢が占めていた。大型の投資を必要とするこのビジネスは、経営の舵取りも難しいが、デジタル時代は回路の心臓部分となり、これを外国の半導体企業に託しての競争は、初めから勝負が決まっているようなもので、多くの分野で敗退を余儀なくされている。自国の半導体が弱くなると、セットメーカーは、新製品の技術情報を入手して、新しい製品を設計するのに、時間がかかる。しかも新製品である半導体は外国からの輸入となり、これも時間がかかるのである。

日本の半導体商社と呼ばれるほとんどの会社は、日本の半導体メーカーの代理店が主体であり、海外製品を含めて取り扱う例は少なかった。アメリカは日本の半導体が強くなり過ぎて、国防上のリスクも感じ、国家戦略として日本の半導体業界叩きを堂々と始めた。１９９０年には世界の38％シェアを持っていた日本の半導体は２０１４年には、わずか一桁の８％まで落ち込んだ。このいきさつは後述するが、日本のセットメーカーの設計者達にとっては"Time to Design（設計リードタイム）"が長くなるのは、しかたのない事であった。

インターネットを活用した、アマゾンの電子部品版のようなビジネスモデルで成功しているマウザー社などは、この新しい半導体の技術情報を、ネットを通じて技術者に逐次配信をして、発売と同時に設計に必要な回路基板モジュールまでも付けて、世界にネット販売をしている。

欧米の多くの企業は一件が１００ドル以下なら、コーポレート・クレジットカードを使用して、自宅からでも試作に必要な少量のサンプルを技術者が購入する事を許している。次の日には既に、事務所に届いているのである。一方、日本で技術者にコーポレート・クレジットカードを使用させる会社は皆無にちかい。

殿村裕氏（アナログデバイセズ社シニア・ディレクター）は、外国の半導体を日本市場に販売する仕事に長年従事されている。海外の半導体メーカーが日本市場で直面するビジネス習慣の特殊性について聞いた。

Q. 彼らが日本市場で直面するビジネス商習慣の特異性は何でしょうか

まず三点あげられます。まず、日本の半導体商社で働く人達の離職率が外国に比べて極端に低い事です。その事で、顧客密着型の営業が可能となるし、顧客もそれを常識的なものとして理解しています。外国とは違って、営業する人に頼るところが大ですね。第二に、商流も顧客が「一物一

殿村裕氏

商流」をベースに購入する商社を決めています。そのためアナログデバイセズの半導体が、二つの商社を経由して同じお客様に入る事はありません。第三に、与信枠に入りきれない程、支払い期間が長い事です。支払期間の長さを解消する為に、二

次商社を経由して販売するなどの策を取っていることです。

Q. 外国製半導体を日本市場に販売する際、ハンディキャップを感じることはありますか

以前は日本の半導体も強く、外国製品はその性能特長が日本製に比べて優れていないと買ってもらえなかったので、苦労しました。でも今は特に、日本メーカーがアナログデバイセズのような半導体を持っていないので、ハンディと感じる事はありません。日本のお客様も当たり前のように受け入れてくれています。これは競争力の問題と思います。

Q. 日本市場では、ネット販売がこれから活用されると思いますか

技術者が使用する為に購入する場合と、量産向けに購入する場合とでは違います。日本の技術者がもっと自立できれば、ネットから得られる情報を活用してその利用度は増えると思います。しかし、量産向けの場合、ユーザー側は年配のマネージメント層が権限を握っているケースが多く、彼らは何か問題があれば納入業者が直接会ってフォローしてくれるのが当たり前と理解しているので、安全性などを考えてネット販売に頼る事は否定的と思われます。一方、技術者は数クールの試作を重ねて設計を固めていきますが、必要な部品を即納入してくれるネット販売は魅力的だと思います。デザインの時間を圧倒的に縮められます。"スピードが勝負"の戦いなのですから。

4 グローバル化の遅れ

日本のセットメーカーの大半は、対象とする市場は日本が第一であり、日本で成功したモデルを海外にもってゆく、というステップを取っていた。したがって、開発される新商品は、日本にフィットする製品であり、殆どの場合、世界には通用しなかった。これが所謂、「ガラパゴス商品」と言われるもので、携帯電話では、皮肉にも「ガラ携」なんて一般に呼ばれるまでに至った。これは負け戦商品の代表名である。第3章でこの文化的な違いを述べる事にする。

またシャープを例に出すが、世界に先駆けて開発した液晶テレビも、グローバル市場を対象として、商品計画を立てて、グローバルモデルとして、世界に売り込みをかけていたら、まだ追随できる海外の競合もいなかったので、一挙に市場を押さえる事ができた。そうすれば、デジタル時代の収益の源泉である、「量」を確保でき、優位性を保つ事ができたはずである。

筆者はＴＤＫ時代に、得意先であったシャープに、冗談を交えながら「和装の女優さんでいいのですか。世界の人はもっと色んな人を求めてますよ」とグローバルなマーケティング展開を提案したものである。携帯電話もまったく同じであった。当時世界の№１だった、フィンランドのノキアよりも、素晴らしい技術とアイデアで、新製品を世に出していた。グローバル展開というマーケティング活動をもっと重視していれば、今の iPhone の立場をシャープが握っていたと確信する。スマートフォンもシャープの商品群のなかには、存在していた事もしっかりと覚えている。グローバル市場でビジネスを経験してきた筆者の投げかけに、当時のシャープの副社長からの返答は、「身の丈経営ですわ」だった。

確かに、謙虚で素晴らしい経営姿勢だが、デジタル時代は、インテルのアンドリュー・グローブＣＥＯが唱えていた「Winner Takes All（勝者が全部持っていく）」が真実であり、現実でもあった。三星、ＬＧなどの韓国勢は、この論理に基づく現実の勝者となっていったのである。

5 インターネットがパラダイムの変化を加速

インターネットの進化で、世界の経済はグローバル化を加速させた。今まで、越えられなかった時間と距離の差を、地球規模で縮めていった。この変化はインターネットの民間利用を、国防省次官として、国家戦略的に提案をしたコステロ博士も、ここまでの広がりを予測していたのであろうか。

ワンクリックで、欲しいものが何でも買えるアマゾンのモデルもインターネットの産物である。今では、品質や安全性を問われる電子部品まで、簡単にアマゾンのようなワンクリックで買えるような時代を、コステロ博士は想像できたであろうか。彼が従事していた自動車業界でさえ、ワンクリックで自動車用品質と安全性を満たす部品を購入している現実を彼は想像できたであろうか。筆者が教える中国の浙江大学でも、財布を持っている学生は誰一人いない現実を、デジタル時代に仕事する、日本の経営者達は知っているのだろうか。貧しいから持っていないのではなくて、スマートフォンで代用できて、必要がなくなったのである。

「ガラパゴス商品」から、最近では「ガラパゴス経営者」と呼ばれるくらい、世界の変化、パラダイムの変化に気が付いていない経営者が多い。第三次産業革命のインターネットは、グローバルの世界で、継続的に大きな進化を遂げ続けている。グローバル時代の市場は、ひとつしかない。それはグローバル市場である。日本だけの市場に焦点を当てると、自然と淘汰されてしまう。それが、日本の電子産業が直面した現実である。

デジタルエレクトロニクス時代の競争はグローバルであり、スピードがキーワードとなる。日本は未だに第二次産業革命時代のなかにいるのではなかろうか。インターネット活用は、どのビジネスにおいても必須項目となることを理解すべきであろう。

6　スマイルカーブの左側に陣取る高収益グループ（電子部品メーカー）

セットメーカーがその優位性を失って、儲からなくなっているなかで、日本の電子部品メーカーは半導体部品を除いて、世界を席捲する地位を着実に確立していった。**図１－４**はその詳細である。日本の電子部品メーカーは高収益を確保しながら、グローバル市場でリーディングポジションを獲得する事に成功していたのであった。その理由としては次のような事が考えられる。

●成長するセットの、グローバルなリーディングポジションを握っている企業に照準をあて、求められる新製品を共に開発して、大量に供給をする。成長セットと呼ばれる商品は競争も激しく、他社と差別化する付加価値の高い商品を常に開発し続ける。技術のイノベーションが勝敗を決めるので、部品メーカーを巻き込んだ新しい技術への挑戦が継続して存在する。その為には、部品メーカーと一緒になって、新しい商品を開発する事が成功への鍵となっている。

部品メーカーにとっては、スポンサー付きの開発目標を与えてくれる絶好のビジネスチャンスとなる。よって、部品メーカーは勝馬になるであろう企業を想定して、照準をあてて、企業の人、物、金のリソースを集中的に注ぎ込む。そこで、成功すれば、勝者たるセットメーカーに、自社の開発製品に付加価値を付けて大量に販売できる。新製品であるがゆえに、当然競合も少なく、高収益製品としてビジネスを継続する事ができる。

●成長するヒット商品と呼ばれるものは、1980年代までは日本製であった。しかし、1990年以降はインターネットの凄まじい進化の為に、日本企業から欧米の企業に移っていった。これは、世界のマーケットがグローバル化され、日本国で開発から販売まで完結される商品の域は狭められる一方となった。電子部品メーカーとしては、自然の流れとして、グローバル化に対応した結果、ガラパゴス化する事なく、世界を相手にビジネスをするのが、常識化されていった。素晴らしい技術をシャープが携帯

図1-4　日本の電子部品の世界シェア

分類	部品	世界シェアー
受動部品	コンデンサー,抵抗器,コイル,トランス等	51.4%
接続部品	スイッチ、コネクター,リレー等	24.6%
変換部品	音響部品,マイクロモーターなど	76.1%
その他	PCB 、電源部品など	31%
半導体		8%

出典：JEITA, 2016

電話に開発しても、それに使われる部品は日本の需要分のみである。しかし、ノキアにデザイン・インすれば、部品の使用数量は数十倍となる。サムソン、ＬＧのＴＶに部品を開発すれば、ソニー、パナソニックの数倍の数がでる。プリンターは日本勢が市場を制覇しているので、日本メーカーに開発すればよい。

●日本の部品メーカーの活動はグローバル

前述したように、日本の部品メーカーはセットメーカーと違い、その活動は常にグローバルベースが基本であり、需要のあるところで、活動するのが常識化していった。グローバル時代の市場は、国境の垣根を越えた「全世界」ひとつだけであり、その活動はおのずと全世界を対象とせざるを得なかった。セットメーカーの「まず日本で成功」のステップなどは論外であった。

7 グローバルビジネスの定義（国際企業⇩多国籍企業⇩グローバル企業への進化）

日本の大手部品メーカーのビジネス形態は、その進化の推移を次のように説明することができる。

- 国際企業：１９７０年代は、日本で製品を作って世界に輸出する企業
- 多国籍企業：１９８０年代になり、市場のある国に進出して、その国の国籍を取った会社として、その国で製造して、その国の市場に販売する企業
- グローバル企業：１９９０年代くらいから、最適の国で開発、最適の国で製造、そして世界の市場に販売する企業

今の世界の市場は完全にグローバル化されているといって良いだろう。部品メーカーはセットメーカーより、いちはやくグローバルビジネスの領域に入り込んでいる。シャープのアクオス携帯が不調でも、アップルの iPhone に売れれば良い。自動車のエレクトロニクスも、アメリカが先導した。トヨタや日産がまだ必要としなくても、ＧＭ、フォード、クライスラーが電子部品を必要としていた。需要のある場所に出向いて、市民権を取り、多国籍企業として活躍した上で、フラット化されたグローバル市場で戦う事は、セットメー

カーと違い、グローバル活動の歴史の長さが違うのである。

日本の半導体業界の地位低下と海外メーカー依存

図1－5に示すように、日本半導体メーカーの世界シェアは、1990年と2014年を比べると一桁にまで下がってしまっている。世界のトップ10社のなかで、1990年では38％あった日本勢のシェアが2014年には5％まで下がってしまった。IC Insightsの予測では、2015年にNXPとモトローラとの合体により、上位10社には東芝しか入らなくなるという。しかも、その東芝も、半導体を切り離し、株式上場維持への布石としようとしている。そうなると日本の半導体は、ほぼ世界の舞台から姿を消したと同然になる。

1999年12月に日立とNECのメモリー部門を統合して、日本の半導体では初めての合弁会社としてエルピーダメモリーが設立された。2008年には1，474億円という巨額の赤字を計上し、政府からの資金援助も受けるが、2012年2月に経営破綻し、会社更生法を適用された。その後、アメリカのマイクロン・テクノロジーに買収され、日本籍を失った。

最後に残るもう一つの日の丸連合は、三菱電機および日立製作所から分社化していたル

図1-5　半導体メーカー上位10社の売上高ランキング

Top 10 Worldwide Semiconductor Sales Leaders* ($B)

Rank	1990		1995		2000		2006		2014		2015F
1	NEC	4.8	Intel	13.6	Intel	29.7	Intel	31.6	Intel	51.4	Intel
2	Toshiba	4.8	NEC	12.2	Toshiba	11.0	Samsung	19.7	Samsung	37.8	Samsung
3	Hitachi	3.9	Toshiba	10.6	NEC	10.9	TI	13.7	Qualcomm**	19.3	Qualcomm**
4	Intel	3.7	Hitachi	9.8	Samsung	10.6	Toshiba	10.0	Micron	16.7	SK Hynix
5	Motorola	3.0	Motorola	8.6	TI	9.6	ST	9.9	SK Hynix	16.3	Micron
6	Fujitsu	2.8	Samsung	8.4	Motorola	7.9	Renesas	8.2	TI	12.2	TI
7	Mitsubishi	2.6	TI	7.9	ST	7.9	Hynix	7.4	Toshiba	11.0	NXP/Freescale
8	TI	2.5	IBM	5.7	Hitachi	7.4	Freescale	6.1	Broadcom**	8.4	Toshiba
9	Philips	1.9	Mitsubishi	5.1	Infineon	6.8	NXP	5.9	ST	7.4	Broadcom**
10	Matsushita	1.8	Hyundai	4.4	Philips	6.3	NEC	5.7	Renesas	7.3	ST
Top 10 Total ($B)		31.8		86.3		108.1		118.2		187.7	
Semi Market ($B)		54.3		154		218.6		265.5		354.8	
Top 10 % of Total Semi		59%		56%		49%		45%		53%	

Source: IC Insights　　*Not including foundries　　**Fabless

出典 : IC Insights

ネサス テクノロジー（2003年4月設立）と、NECから分社化していたNECエレクトロニクスの経営統合によって、2010年4月に3社統合として設立されたルネサステクノロジーである。2014年で世界10位のシェアであるが、2016年に米国のインターシル社の買収を発表し、2017年2月に完全子会社化した。半導体メーカーが身近なところに存在し、情報も容易に入手できていた時代は去り、日本のセットメーカーの設計者達は回路の心臓部である主要な半導体は、海外メーカーからしか手に入らない状態を強いられている。

1　2015年は半導体メーカーの戦国時代、32社がM&A

２０１５年は半導体業界としては、過去にみなかった再編（M&A）の年となった。**図１－６**に示すように、世界の半導体メーカー上位30社のうち、22社がM&Aの対象となり、再編されてゆく事となった。世界の半導体販売の73％がM&Aの対象となった。すべての半導体メーカーのM&Aを数えると32社となる（**図１－７**）。２０１５と２０１６年のM&Aの金額は、２０１０年から２０１４年までの５年間よりも遥かに多い（**図１－８**）。

2　日本の半導体商社

図１－９は日本半導体商社の売り上げのランキングである。外国の半導体を扱っていた商社は、自然と売上金額も伸びた。しかし、ほとんどの商社は日本の半導体メーカーの衰退と共に。その命運を共にしている。

日本の半導体商社は、売り先であるセットメーカーと供給元の半導体メーカーの特殊性から外国の常識とは違った代理店活動を余儀なくされる。**図１－10**はその特殊性の一例である。日本の得意先であるセットメーカーは半導体を購入する場合、同じ半導体メーカー

図1-6　世界の半導体企業のM&A

2015年

M & A	M & A
QUALCOM vs. CSR	SONY vs. TOSHIBA
MICRON vs. ELPIDA	NVIDIA vs. TRANSGAMING
AVAGO vs. BROADCOM	CYPRESS vs. SPANSION
NXP vs. FREESCALE	INFINION vs. IOR
ON SEMI vs. FAIRCHILD	INTEL vs. ALTERA
TOWER JAZZ vs. MAXIM	TRIQUINT vs. RFMD
ATMEL vs. DIALOG	LATTICE vs. SILICON IMAGE
ST MICRO vs. MEGA CHIP	MEDIATEK vs. ALPHA

2016年

ANALOG DEVICE vs. LINEAR TECH	NXP vs. QUALCOM

出典：アナログデバイセズ

図1-7　2015年の世界半導体企業のM&A

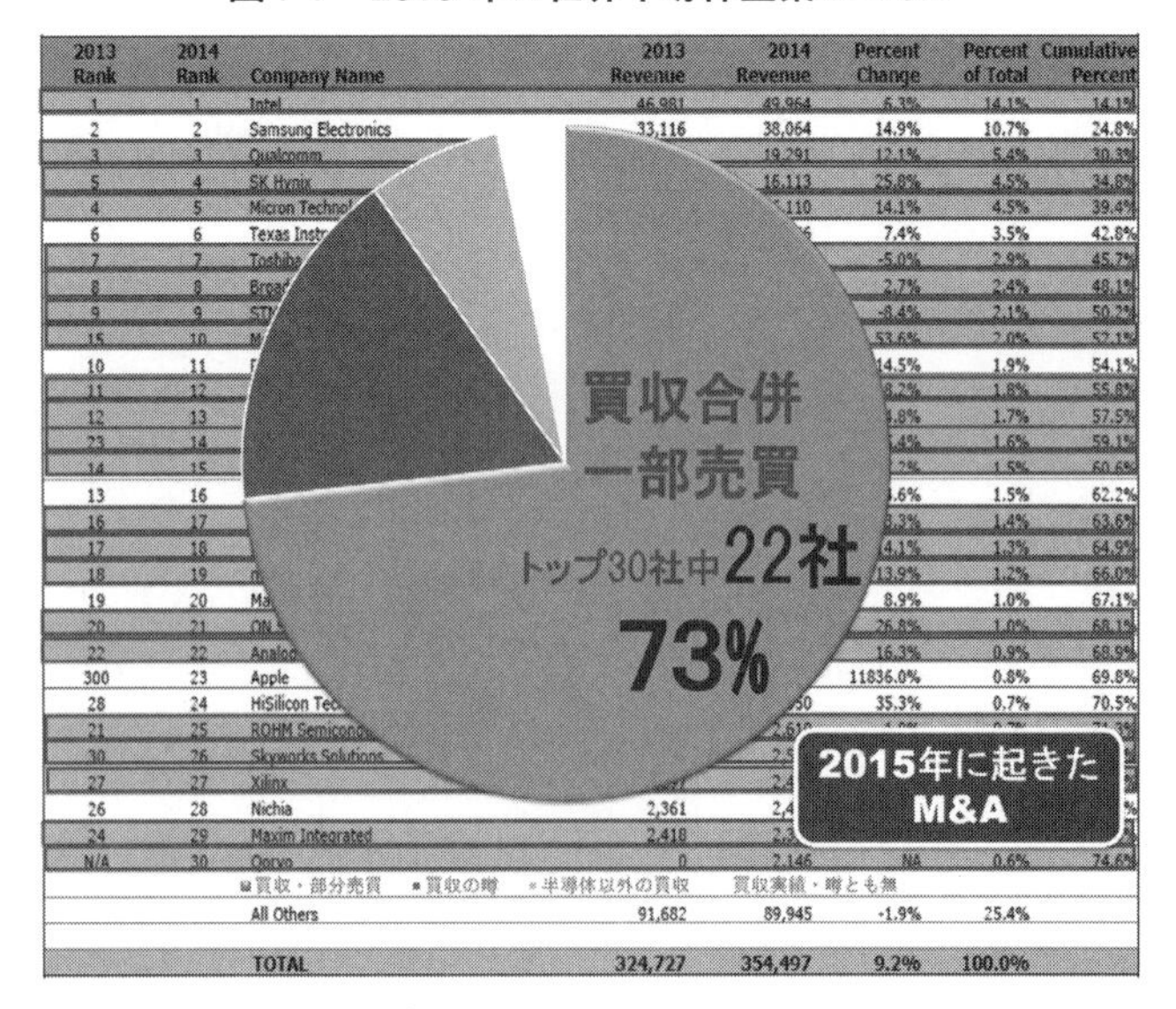

2013 Rank	2014 Rank	Company Name	2013 Revenue	2014 Revenue	Percent Change	Percent of Total	Cumulative Percent
1	1	Intel	46,981	49,964	6.3%	14.1%	14.1%
2	2	Samsung Electronics	33,116	38,064	14.9%	10.7%	24.8%
3	3	Qualcomm	[illegible]	19,291	12.1%	5.4%	30.3%
5	4	SK Hynix	[illegible]	16,113	25.8%	4.5%	34.8%
4	5	Micron Technol	[illegible]	[illegible]	14.1%	4.5%	39.4%
6	6	Texas Instr	[illegible]	[illegible]	7.4%	3.5%	42.8%
7	7	Toshiba	[illegible]	[illegible]	-5.0%	2.9%	45.7%
8	8	Broad	[illegible]	[illegible]	2.7%	2.4%	48.1%
9	9	ST	[illegible]	[illegible]	-8.4%	2.1%	50.2%
15	10	M	[illegible]	[illegible]	53.6%	2.0%	52.1%
10	11	[illegible]	[illegible]	[illegible]	14.5%	1.9%	54.1%
11	12	[illegible]	[illegible]	[illegible]	[illegible]	1.8%	55.8%
12	13	[illegible]	[illegible]	[illegible]	[illegible]	1.7%	57.5%
23	14	[illegible]	[illegible]	[illegible]	[illegible]	1.6%	59.1%
14	15	[illegible]	[illegible]	[illegible]	[illegible]	1.5%	60.6%
13	16	[illegible]	[illegible]	[illegible]	[illegible]	1.5%	62.2%
16	17	[illegible]	[illegible]	[illegible]	[illegible]	1.4%	63.6%
17	18	[illegible]	[illegible]	[illegible]	[illegible]	1.3%	64.9%
18	19	[illegible]	[illegible]	[illegible]	13.9%	1.2%	66.0%
19	20	Ma	[illegible]	[illegible]	8.9%	1.0%	67.1%
20	21	ON	[illegible]	[illegible]	26.8%	1.0%	68.1%
22	22	Analo	[illegible]	[illegible]	16.3%	0.9%	68.9%
300	23	Apple	[illegible]	[illegible]	11836.0%	0.8%	69.8%
28	24	HiSilicon Te	[illegible]	[illegible]	35.3%	0.7%	70.5%
21	25	ROHM Semicond	[illegible]	[illegible]	[illegible]	[illegible]	[illegible]
30	26	Skyworks Solutions	[illegible]	[illegible]	[illegible]	[illegible]	[illegible]
27	27	Xilinx	[illegible]	[illegible]	[illegible]	[illegible]	[illegible]
26	28	Nichia	2,361	[illegible]	[illegible]	[illegible]	[illegible]
24	29	Maxim Integrated	2,418	[illegible]	[illegible]	[illegible]	[illegible]
N/A	30	Qorvo	0	2,146	NA	0.6%	74.6%
		■買収・部分売買　■買収の噂　■半導体以外の買収　買収実績・噂とも無					
		All Others	91,682	89,945	-1.9%	25.4%	
		TOTAL	324,727	354,497	9.2%	100.0%	

出典：アナログデバイセズ

図1-8　M&A 金額の推移

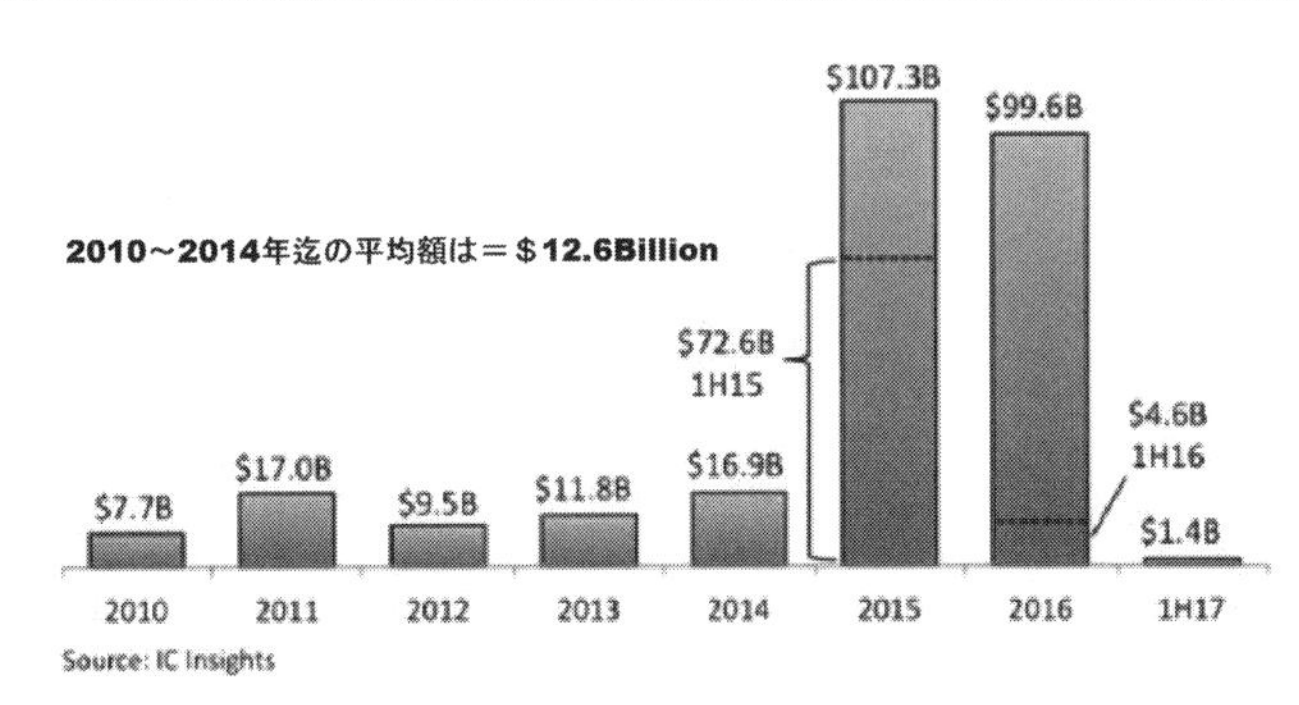

出典：IC Insights

の製品を複数の代理店が扱うのを嫌う商習慣がある。従って、使用する半導体メーカーが決まると、それを供給する代理店は一社に絞ってくる。ところが、日本国以外では、同じ半導体メーカーの製品でも複数の代理店が扱うことは、一般的に行われている。

基本的に独占禁止法の強いアメリカでは、電子部品を扱う代理店とメーカーの契約は非独占契約（Non-Exclusive）となっており、部品メーカーもセットメーカー側も複数の代理店が同じ製品を売り込みに来ても、その排除や指導は独禁法に触れるため、行わない。

日本の独禁法も基本的にはアメリカ法に基づき改訂されているが、長年の商習慣から代理店の扱いは独占契約（Exclusive）的に扱っており、その独占対象は顧客であったり、地

図1-9　日本半導体商社の売り上げランク

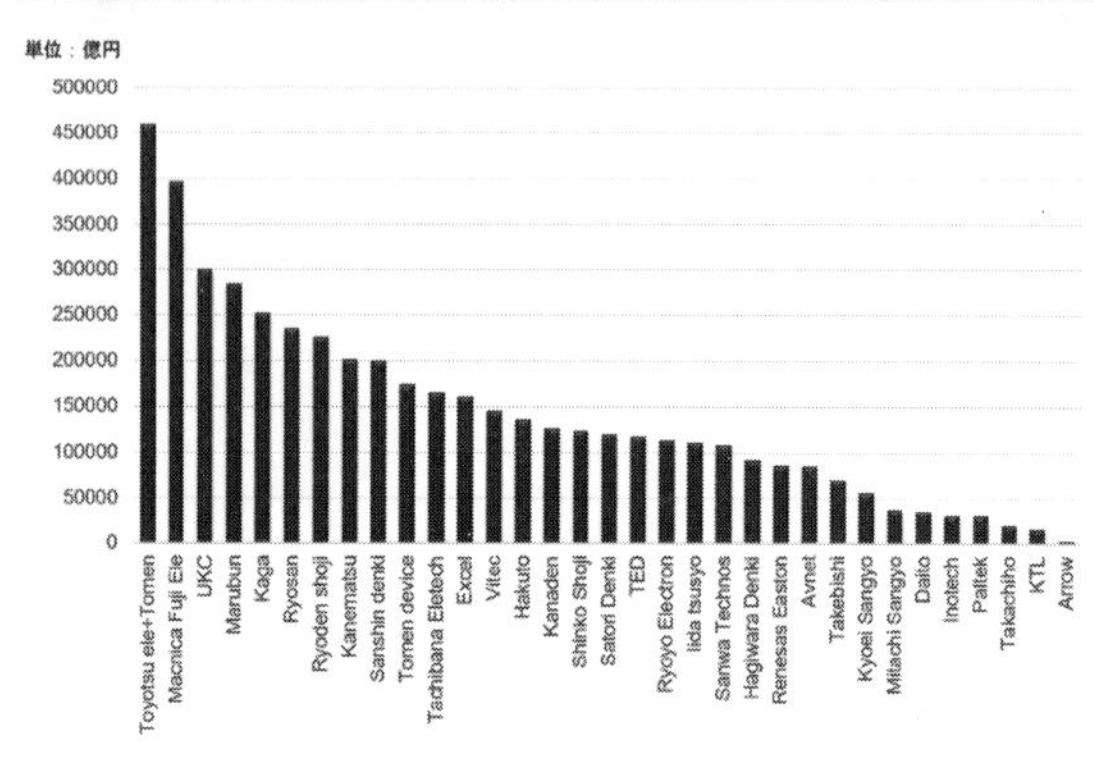

出典：アナログデバイセズ

域であったりしている。

商法が改訂されてからは、各社も契約上は非独占（Non-Exclusive）にしてはいるが、暗黙の了解で昔から担当している代理店の受け持つ得意先へ、他の代理店が売り込みに行くという行為は避けられている。又、買う側も**図1-10**のように同じメーカーから複数の代理店を通して購入するという事はほとんど実現していない。日本的な独禁法の運用をしているのである。

半導体メーカー側も、代理店が競合するメーカーの製品を扱う場合を嫌う。その場合、代理店は扱うメーカーごとに参加の子会社に割り振ったり、扱う部署を分けたりして、メーカーへの機密保持、忠誠心を表明している。**図1-11**はこの状況の例を示している。たと

図1-10　日本の半導体商社の特異性

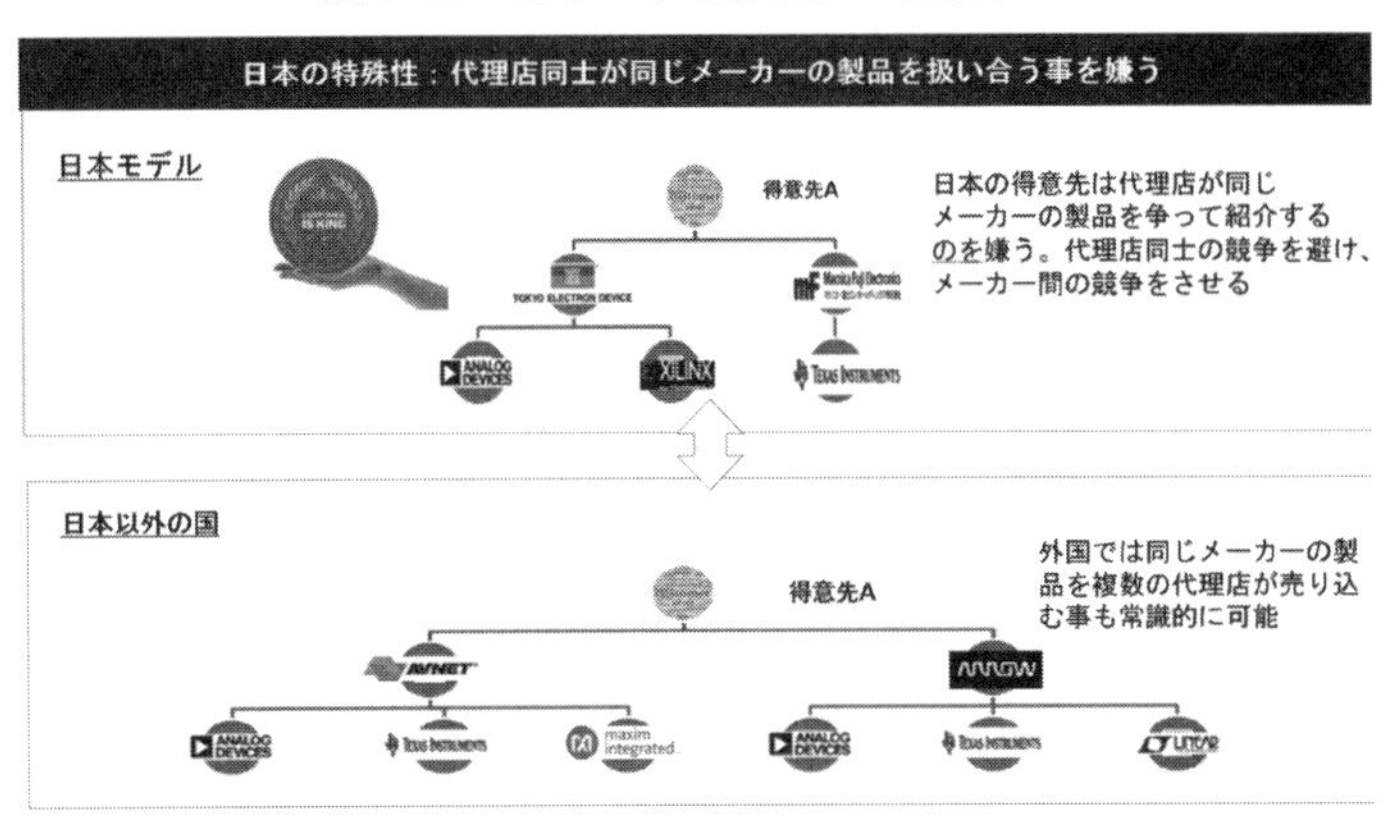

出典：アナログデバイセズ

えば、国内最大手の半導体商社マクニカはアナログ半導体市場で競合するAnalog Devices, Texas Instruments, Linear Technology 各社の半導体を扱っているが、其々子会社に振り分けて、半導体メーカーへの忠誠心を示している。

3　日米半導体協定

日本の半導体業界が、衰退してしまった大きな原因のひとつは、日米半導体協定であろう。政治的に日本国はアメリカの論理を受けざるを得なかった。一旦、失った市場でのシェアは簡単には取り戻すことはできないのである。日米半導体協定とは次のようなものだった。

『日米間の半導体に関する問題は、1978年（昭和53）首相福田赳夫（たけお）が訪米し

図1-11　日本の代理店の具体的な対策

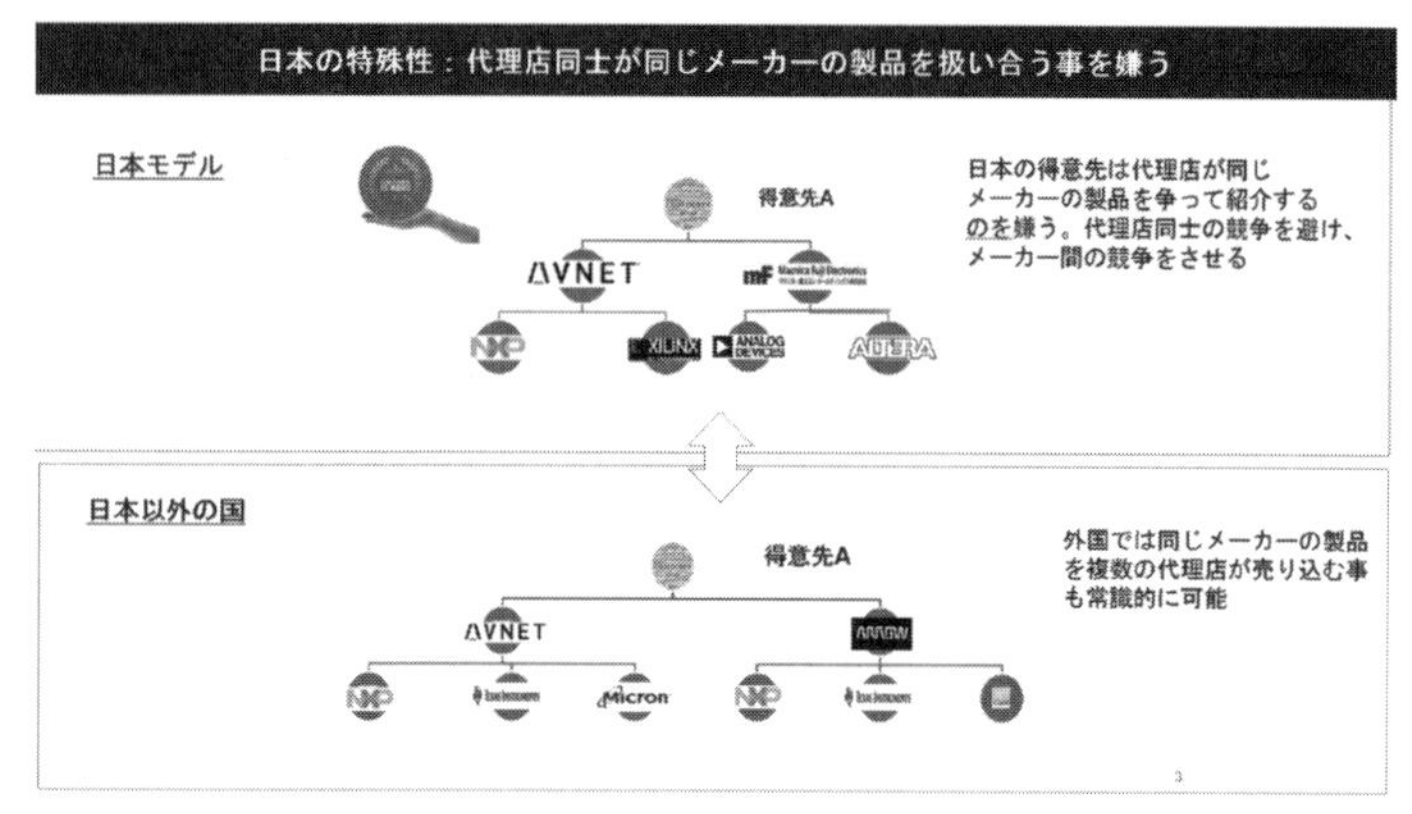

出典：アナログデバイセズ

た際にアメリカの半導体メーカーが、日本側の輸入障壁、政府補助、流通システムの問題について陳情したことに端を発している。以後、日本の産業政策批判、通商法301条に基づく提訴、ダンピング提訴などが相次いだ。アメリカのメーカー側の論拠は、日本半導体のアメリカ市場への進出は、アメリカのハイテク、防衛産業の基礎を脅かすという安全保障上の問題として、のちには産業への波及懸念を表面上の論拠としている。

1986年7月、日米政府間で「日米半導体協定」が最終合意された。内容は非公表だが、概略は、(1)日本政府は国内ユーザーに対して外国製半導体の活用を奨励する、(2)日本政府はアメリカへ輸出される6品目の半導体のコストと価格を監視する、(3)アメリカ商務省はダンピング調査を中断する、⑷日本政府は第三国市場に輸出される３品目のコストと価格を監視する、（５）協定期間は５年、以上の５点である。

１９８７年４月、アメリカ大統領レーガンは、日本の第三国向け輸出のダンピング、また日本市場でのアメリカ製品のシェアが拡大していないことの２点を理由に、日本の特定商品（パソコン、電動工具、カラーテレビなど）に対し関税を１００％に引き上げる措置を発動した（同年６月に解除）。これに対して日本は「半導体ユーザー協議会」を設立するなど対日アクセス促進のための措置を取った。

１９９１年（平成３）８月、先の第１次協定は満期になったが、「新」協定（第２次）が発効、日本市場へのアクセス拡大を図るアメリカは、ヨーロッパに比べて日本市場でのシェアが低いことをあげ、シェア20％を要求した。その後この目標が達成されたため、１９９６年７月に協定は期限切れとなり失効。同年８月には、日米にヨーロッパを加えてダンピング防止や市場への参入障壁除去などを検討する民間主体の「世界半導体会議（ＷＳＣ）」、政府主体の「半導体主要連合」が誕生した。第１回世界半導体会議は１９９７年に日米両国、ヨーロッパ連合（ＥＵ）に韓国を加えハワイで行われた。１９９９年６月、日本、アメリカ、ＥＵ、韓国、台湾の５か国・地域は、半導体主要連合を廃止し、世界半導体会議を「新世界半導体会議」として再編成することを決めた』（三輪芳郎／日本大百

科全書より引用）

当時のアメリカ政府は、トランプ現大統領が提唱する「アメリカ・ファースト」を着実に日本に求め、日本政府はアメリカの半導体メーカーの代理店のような役割を果たし、1992年には、アメリカ半導体の日本シェア20％を達成した。通商外交としては、アメリカ側の大勝利であった。日本の半導体メーカーの経営者達は、競争相手である、アメリカ半導体メーカーの代理店の役割を日本国政府がやっているのをみて、日本製の半導体を積極的に展開するモティベーションなど、生まれなかったのではないかと想像する。

いずれにしても、デジタルエレクトロニクス時代の心臓とも言える半導体の業界で、日本のプレゼンスが下がってしまい、外国メーカーからの輸入に頼らざるを得なくなった。日本の半導体商社は日の丸半導体の没落と共に、勢いを失っていった。

この結果、日本メーカーの設計者は①新しい半導体の技術情報入手が遅れ、②設計試作用にサンプルを入手する時間も自ずと長くなり、③欧米メーカーとのコミュニケーションや、商習慣に慣れていない日本の資材担当や、技術者にとって「Time to Design to Market」が益々遅れてしまうことになった。

新製品試作へのサンプル入手に手間取る背景

デジタル化の時代には新製品はベンチャー企業や、研究所、大学などから生まれてくる頻度がアナログ時代に比べて圧倒的に増える。ところが、これらの企業や研究機関は回路を組む部品の収集に時間がかかり、設計のリードタイムは増えるばかりである。その理由には、次の要因が挙げられる。

- 試作品のサンプル収集は、数が少なく、新製品を求めるが、部品メーカーからの入手に時間がかかる。部品メーカーは数量の大きい引き合いを当然優先させる。
- 部品メーカーも社内の手続きを通過させるのに、１～２週間は有償、無償にかかわらず時間がかかってしまう。まして、普段取引のない、ベンチャー企業や、研究所などに対して、営業パワーをわざわざ割く事は出来ないので、優先順位は自ずと下がってしまい。出荷は遅れてしまう。
- 前述したように、欧米ではマウザーやディジキー（DigiKey）社のようなネット販売会社から、クレジットカード決済でアマゾンで買い物をするような簡単な手続きで、ほぼ全部の部品が日本まで２～４日で配送される。１００ドル以下の調達金額ならコーポレート・クレジットカードを渡されて、そのカードを技術者が活用出来るという企業が多い。日本の技術者達はこのような環境になく、ネットで購入しようにも、ネット会社の口座が自社で開かれていないと買えない。2次代理店と呼ばれるその会社に口座を既にもっている代理店を通して購入しなければならず、試作の為のサンプル収集には結局時間がかかってしまう。

●デジタルエレクトロニクスの時代では回路部品の主役は半導体であるが、日系の半導体のシェアは世界の8％まで落ちてしまい、海外からの輸入が主になった。つまり時間がかかることになった。特に、新製品の半導体の入手には時間がかかる。ましてや、新製品の技術情報を得る事は、極めて困難である。新製品は、新しい部品を活用しない限り生まれてこないにもかかわらず、である。

●「オタク技術者」の増加

大手企業であっても、最近の世界的な技術者達の傾向として、人と直接会う事を避け、自分の時間を有効に活用して、ネットから部品を探し出し、購入する事を好む、所謂オタク化した人が増えた。彼らはコーポレート・クレジットカードなどは持たされていないので、益々、試作のリードタイムは増えるばかりである。オタク技術者は世界的な傾向で、マウザー社のネット購買サイトは、夜の11時頃のアクセスが多い。多分、家族と食事を済ませ自分の部屋から、試作に必要な部品をネットを通じて調達すれば、アメリカなら翌日にサンプルが揃い、試作時間は大幅に短縮され、技術者にとっては都合のよい、便利の良い購入方法なのだ。

TDM（Time to Design to Market）短縮の論理的理解

日本のメーカーの多くの経営者は、第3章で述べるように「製造のリードタイム」短縮に関心を寄せるが、「Time to Design」と呼ばれる開発、設計へのリードタイムへの関心度は低い。ネットビジネスを活用するだけで、試作用部品の調達でひと月は短縮できる。ネットを上手に利用する事で、心臓部品たる半導体の情報収集や調達プロセスは、図1－1で説明したように、プラス3カ月は縮める事も可能なのである。デジタル時代の要はスピードなのである。

一般的に開発、設計に10カ月くらいをかけているが、図3－7のように、これを4ヵ月縮めて、6ヵ月にする事も可能となる。製造の期間を一カ月短縮するのは容易な事ではないがTime to Market（市場に出すまでの時間）の時間帯から見れば、どのプロセスで縮

図1-12　製品設計から市場投入までの期間

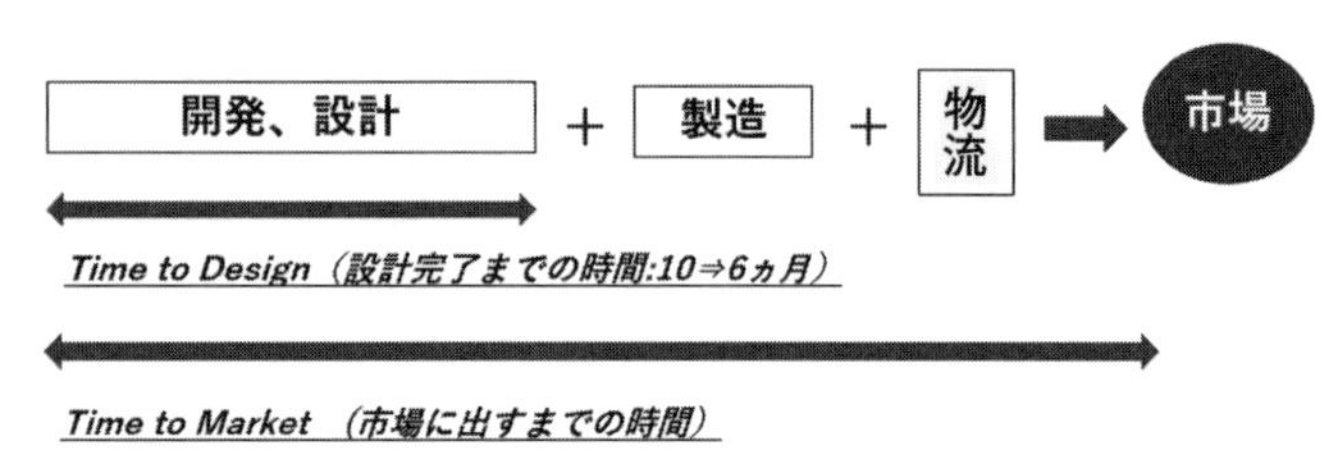

出典：筆者作成

めても、同じ効果となる。

第1章のまとめ

本章では、筆者の経験を基に日本の電子産業の弱体化の原因を考察した。それは、インターネット時代に乗り遅れ、アナログ技術からデジタル技術に移り、パラダイムが変わった事にも気が付くのが遅れてしまったこと。インターネットの進化によって、産業のグローバル化が加速され、「まず国内で立ち上げ次に海外へ」という、伝統的なプロセスが効かなくなったことである。

デジタル時代になると、「スピード」が競争戦略の鍵となるが、日本の電子産業界の体制はアナログ時代のゆったりしたもので、「モノづくり大国」を目指し続け、インターネットの効力を軽視し過ぎてしまった。デジタル時代の「スピード」とは Time to Market であり、設計開発、製造、物流などを足し算したものであるが、一番重要視したのは、製造のリードタイムだった。その上に屈辱的な政治的圧力に負けた結果の半導体の弱体化と、製造業としては生死にかかわる急激な円高が、益々日本の電子産業の競争力を削ぎ取る結果となった。

また、本章では「Time to Design」を最大４ヵ月短縮させる策を、ネットビジネスの活用で出来得る事を示唆している。

第2章

異次元の進化を遂げ続けるネットビジネス最先進国「中国」

″モノづくり大国〝から″お金づくり大国〝へ

筆者は、中国の大学でＭＢＡ（経営学修士）の学生に教え始めて7年目を迎えた。昨年、浙江大学から「横先生、中国ではアリババなどのネット販売で、デパートや小売店がどんどん潰れていった。でも日本はそんな事にならないで、綺麗なデパートでみんないっぱい買い物をしている。これは、きっと日本独自の″おもてなし〝の顧客対応の仕方にあるのではないか。中国人の対応はデパートなどでも悪いから潰れてゆく。この″おもてなし〝の対応実態を調査分析して、論理的に学校で教えられるようにしてくれないか」と言われた。

自分では彼らの″おもてなし〝議論に疑問を抱きながら「先ず、現状を冷静に観察して分析させて欲しい、その上で教材に出来ると判断できたら頑張ってみる」と答えて、早速日本に帰って来てから、あちこちの接客状態を見学しながら、お店の人達に実際にお礼の仕方など、接客スタイルをビジネス・スクールで教えられるような要領で数値化できないかと聞いてまわったが、答えは「ノー」であった。

私が、日本で多くの人達とこの浙江大学の疑問を議論した末の結論は「日本人はインターネットに慣れてない事」が原因である、だった。日本人は自分の目で見て確かめてから、実感できる買い方をする国民であり、特に購買力のあるシニア層は、スマホなど自由に操る事ができない事も原因のひとつであった。

それに比べて、中国人はスマホを使いこなして買い物する。実物を見ないで買い物をするリスクについては、まったくといっていいくらいに話題にしない。心配な事はネット上の口コミ（評判＝口碑 koubei）を調べる程度だ。便利であれば先ず使い、都合が悪くなればその時にどうするかを考える。日本ではリスクを回避する傾向が強く、まず法律で規制をする事から始めてしまう。

中国は、世界の製造拠点である「モノづくり大国」からインターネットを金融にまで取り込んだフィンテック最先進国として「お金づくり大国」へと変身を遂げ始めた。本章では、個人的にも驚いた経験例を紹介しながら、異次元の進化を遂げ続ける中国のネットビジネスをデータからも読み取りながら紹介する。

中国の日常生活で起きていること、凄まじい量とスピードでの変化

1　2017年のアリババの独身の日の売り上げは、一日で1682億元（約2・9兆円）達成

図2-1　2017年の独身の日（11月11日）のアリババのネット販売

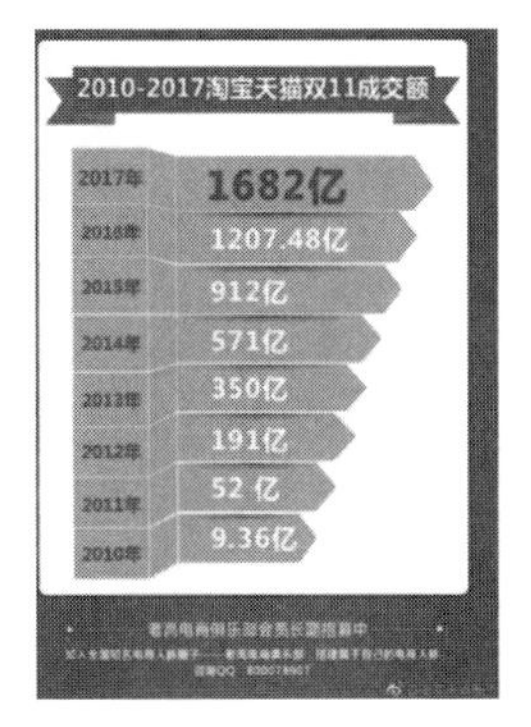

出典：アリババ

図2-2　2016年度の全国百貨店の売上高トップ10

順位	店舗名	売上高	対前年比
1位	伊勢丹新宿本店	2,685億円	(-1.4%)
2位	阪急うめだ本店	2,205億円	(+1.0%)
3位	西武池袋本店	1,865億円	(-1.8%)
4位	三越日本橋本店	1,651億円	(-1.9%)
5位	高島屋日本橋店	1,329億円	(-2.7%)
6位	高島屋大阪店	1,299億円	(+1.8%)
7位	高島屋横浜店	1,294億円	(-2.0%)
8位	JR名古屋高島屋	1,286億円	(-1.1%)
9位	松坂屋名古屋店	1,206億円	(-3.3%)
10位	そごう横浜店	1,096億円	(-4.0%)

出典：2017年8月16日付日経流通新聞

アリババは、数字の１が４つ続く11月11日を独身の日として、２００９年よりディスカウントセールを始めた。１が４個続く日なので独身の日と名付け、３～５割の割引を実施し、２０１７年では約２・９兆円の販売を達成した。これは昨年比約40％アップの数字である（**図２－１**）。この図は２０１０～２０１７年の売り上げを示しているが、アリババは凄まじい勢いで伸びている。しかも店舗の必要のないネット上でやってのけている。

図2-3　2012～2018年までの中国のネット販売ビジネスの金額規模

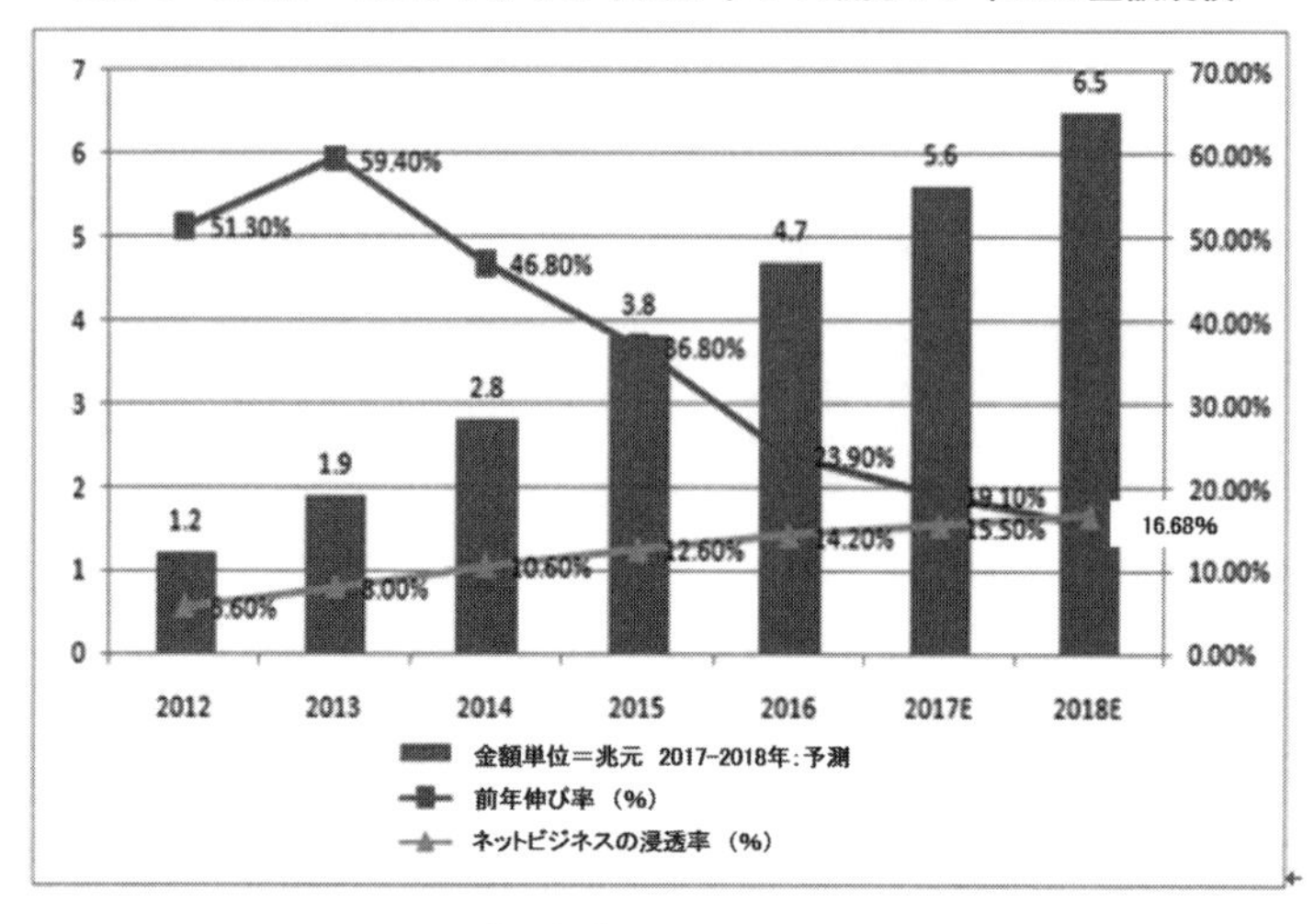

Source: 2016 China online-shopping industry monitoring report: current status
http://report.iresearch.cn/report_pdf.aspx?id=2945

出典：iresearch

日本のデパートの2016年度の店舗別売り上げのトップ10が**図2－2**であるが、アリババは2017年の独身の日（11月11日）一日で、日本の全国百貨店売上高トップ10のなかの№1である伊勢丹新宿店の年間売り上げのなんと10倍以上を売り上げた。しかも店舗の必要のないネット上でやってのけたのである。

図2－3のグラフは中国でのネット販売がいかに伸びているかを示したものである。棒グラフは販売金額を兆元単位で示す。■の折れ線グラフは前年伸び率を表し、▲の折れ線グラフはネット販売が全体に占める割合（浸透率）を表している。伸び

率としては、金額が大きくなるに従い落ちてくるが、ネット販売の比率は毎年増えてくる。２０１８年には数字的には、どちらも17％近くになると予測されている。

２　スマホ大国中国、ＰＣ経由のネット購買は減少の一途

図２－４は、中国のネット販売業者のシェアを示したものである。天猫（アリババ）が56・7％と圧倒的なシェアをとっているのがわかる。ここで注目したいのは、ネット購買はどの手段を使って行われるかである。つまり、今までの様にＰＣを使って購買するケースと、スマホに代表される携帯端末（モバイル機器）を使って購入するのと二種類あるが、最近では携帯端末が使用される傾向が強くなった。

図２－５はＰＣを使用する場合と、携帯端末を使用する場合の比率の推移を示している。２０１５年で携帯端末がＰＣを追い越してから、今では3倍近い利用率となっている。このデータは２０１５年の実績を基にアイリサーチ社で予測したものだが、２０１６年の実績も発表されたので、（　）にて示しているが、ほぼ予測通りに進んでいる。

これらを見ると、中国人はスマホを使いこなしているのがわかる。日本の状況は**図２－６**の如く、団塊の世代を抱える60代以上では２０１７年の7月時点で、やっと半数がスマ

図2-4　2017年第2四半期の中国 BtoC の販売シェア

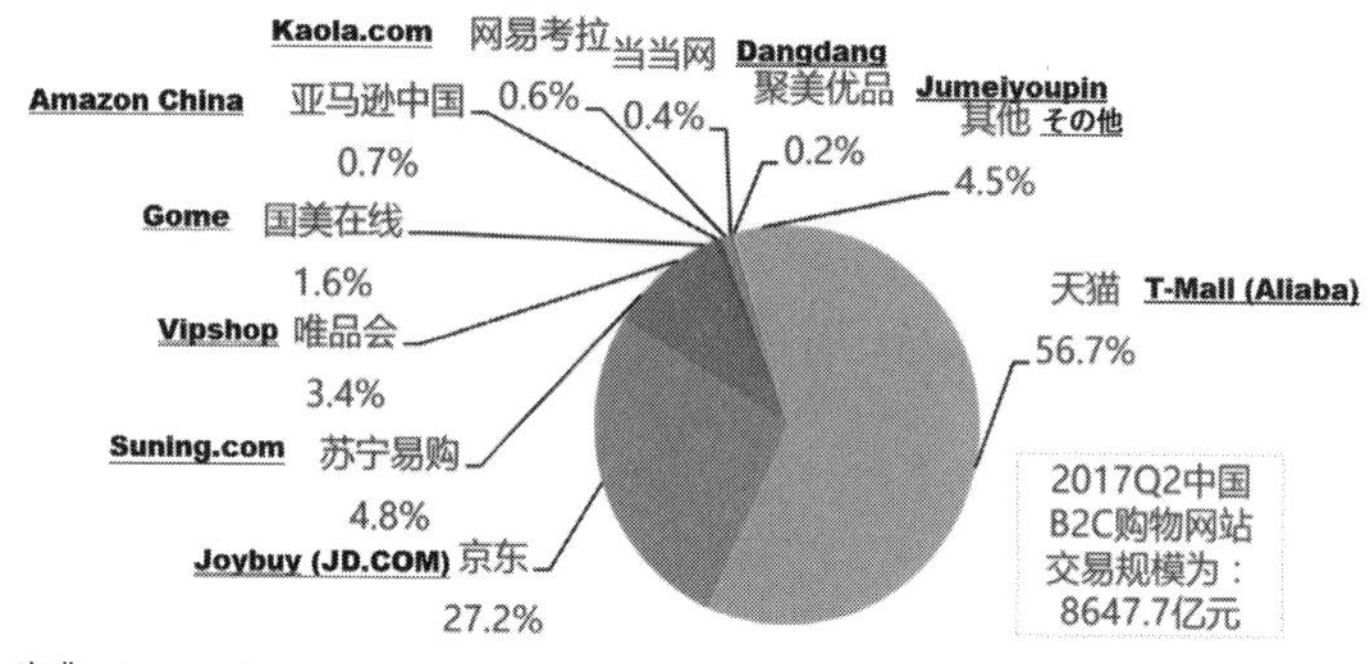

出典 : iresearch

図2-5　中国ネット販売での PC と携帯端末（主はスマホ）の利用比率推移

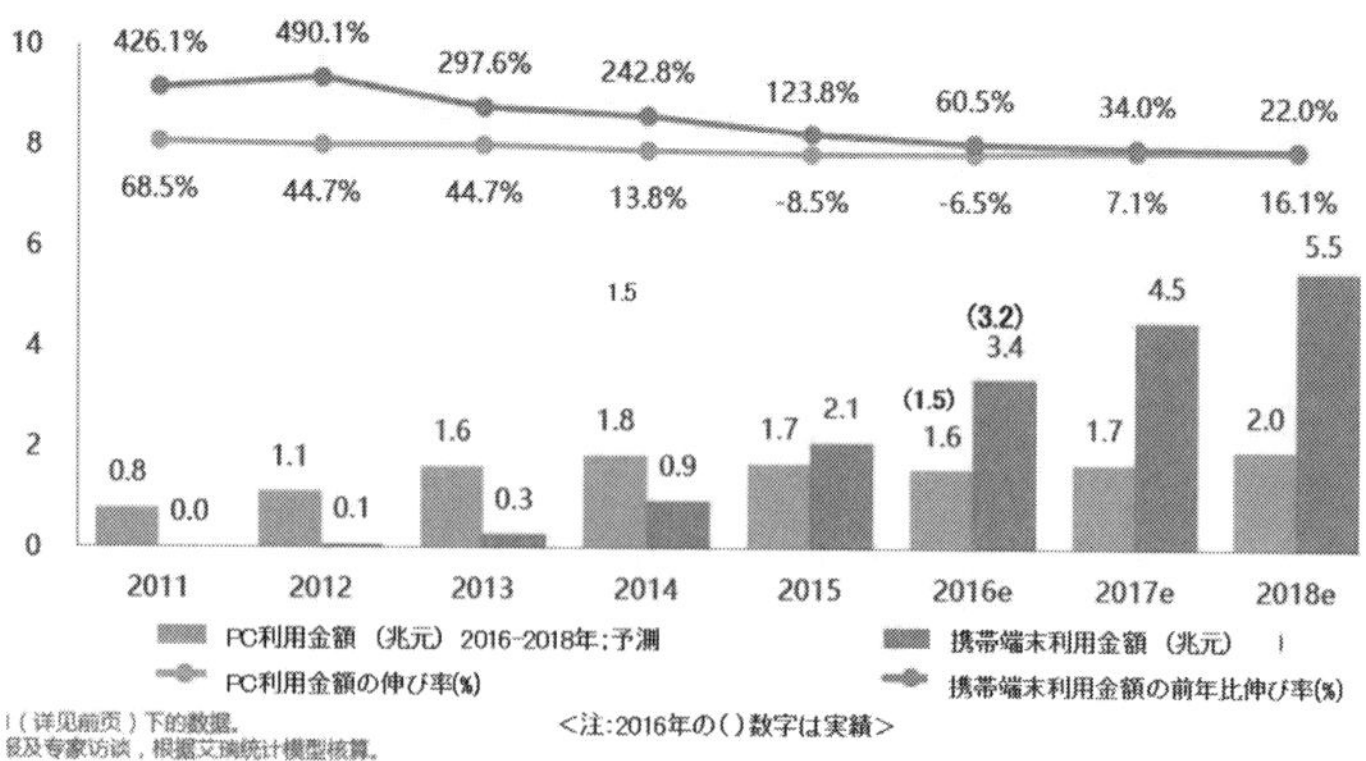

出典 : iresearch

図2-6　日本での年代別スマホ利用率

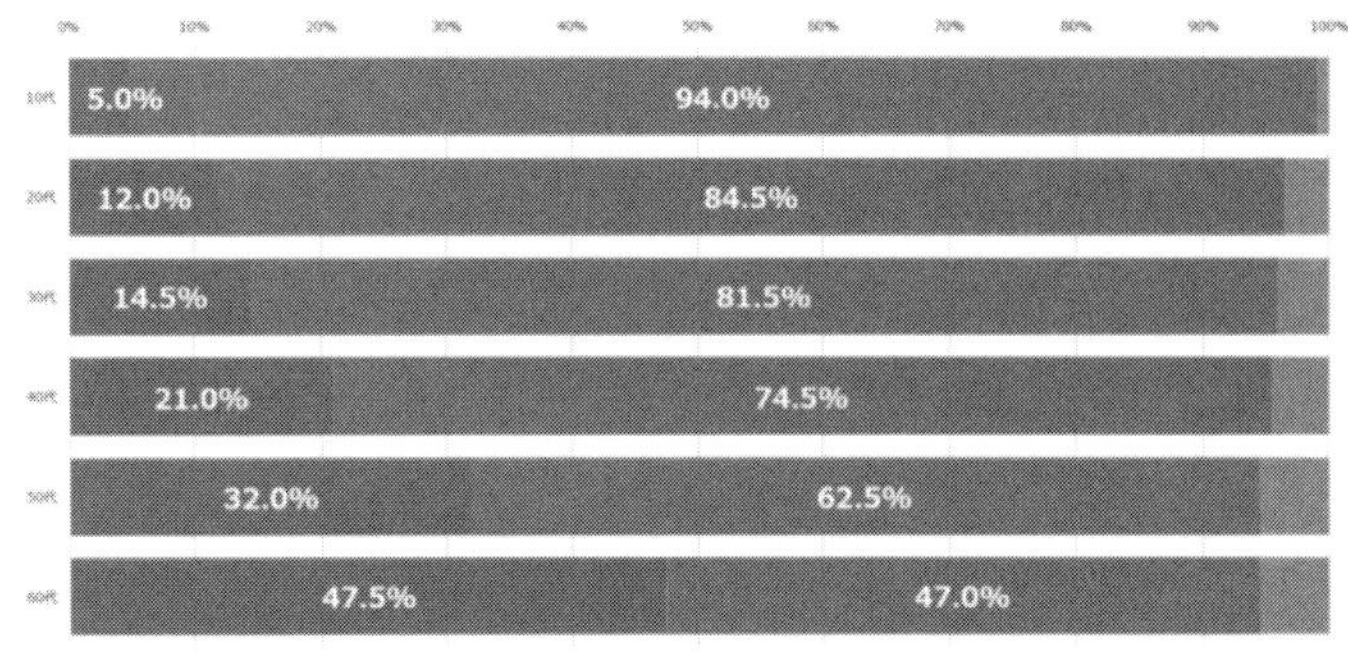

出典：Marketing Research Camp

図2-7　中国と日本の年齢別人口分布比
＝スマホ利用出来ない高齢者の人口比率が中国に比べて圧倒的に多い日本＝

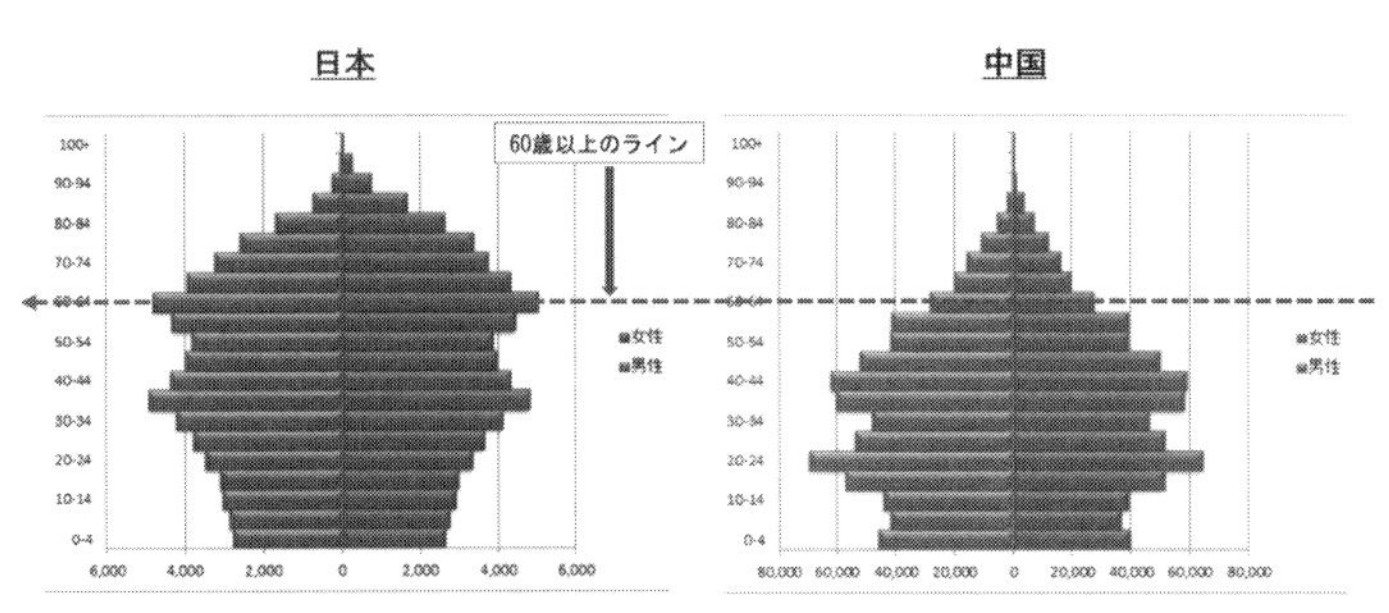

出典：Vita Ricca

図2-8　中国携帯経由販売額の市場シェア

2016年第4四半期

2017年第2四半期

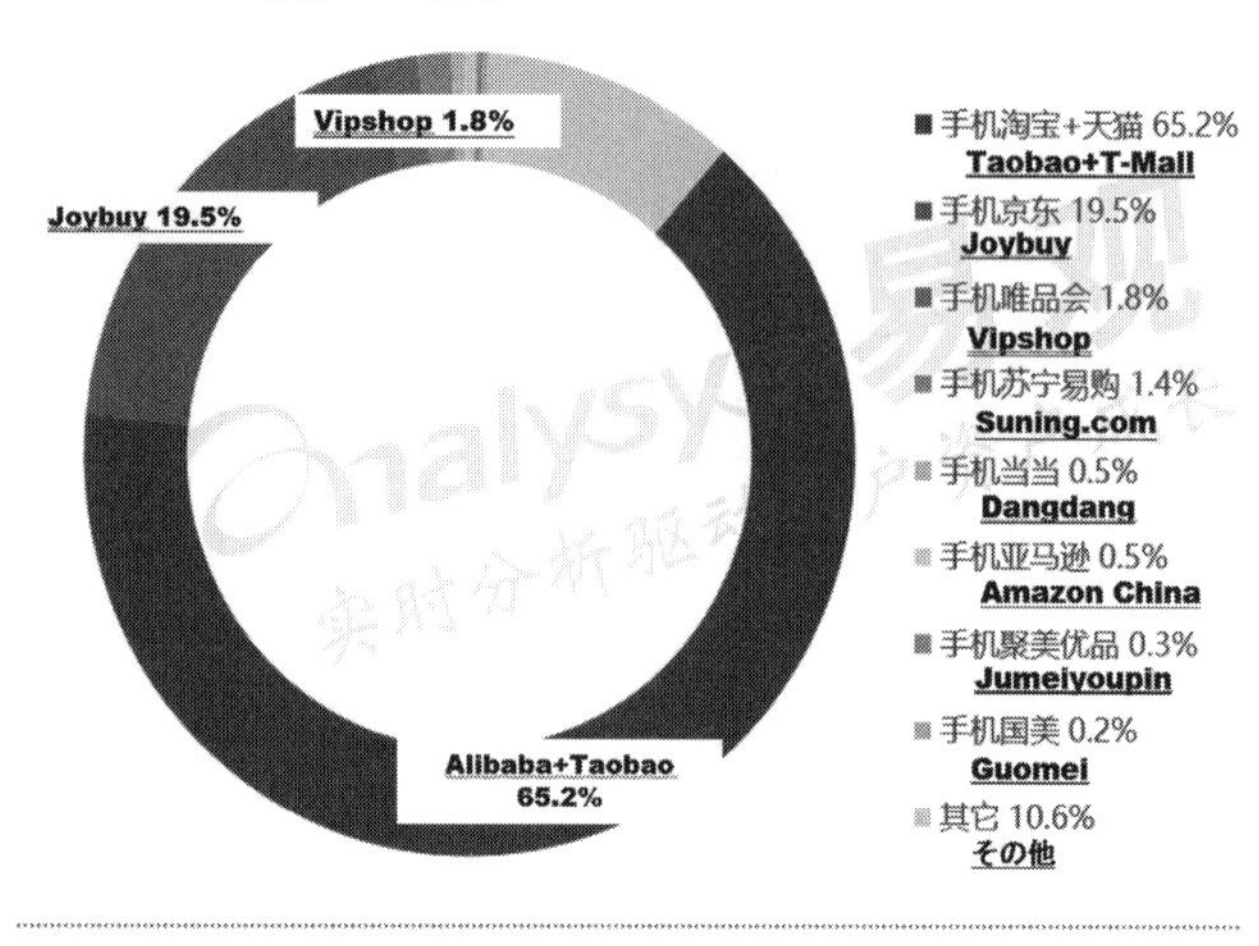

出典：www.analysis.com

ホ利用者で、まだ半分はいわゆるガラパゴス携帯（ガラ携）を使っている。

中国ではＰＣは使えないが、スマホは問題なく使っている人達がスマホの流行と共に自然と増えてきて、その人達がスマホでネットから買い物をする時代になった。人口も日本の10倍なので、その利用者数は凄まじいものである。

この事は経済用語では「蛙飛び現象＝Leap Frog」と呼び、中国ではＰＣの時代を飛び越えて一挙にスマホ活用の時代へと蛙飛びしたのだ。

また、**図２－７**は日本と中国の年齢別人口分布を表したものである。日本の60歳以上が占める割合は、中国に比較して圧倒的に大きい。戦後生まれの団塊の世代がこの領域に入るからである。日本の若者はお金をもっていないがスマホは持っている。団塊の世代は、お金はもっているが、スマホは使えない。これが日本の現実である。「中国も高齢者はスマホを持ってないのでは？」と疑問を投げかけられる。でもその裏には、中国もガラ携を使っていると日本人は思っている。しかしながらガラ携は日本だけのものであり、中国ではガラ携なんてない。昔はガラ携に似た携帯も作られていたが、今の高齢者が持っている携帯はスマホしかない。中国の高齢者を良く見ていると、スマホの利用率は日本より俄然高い。使えるのはスマホしかないし、子供達から教わっているようだ。

図２－４と**図２－８**を比べると、ネット販売としては、アリババグループは56・７％で

トップシェアーを誇り、第2位は「京東、Joybuy」で22・9%のシェアである。

ところが、携帯端末、つまりスマホ中心でみると、アリババグループは2016年Q4では85・6に対し「京東、Joybuy」はたった10%、2017Q2になると「京東、Joybuy」も追い上げて19・5%とシェアを伸ばし、逆にアリババは65・2%までシェアを落としている。つまり、スマホ中心のネット購買になると、アリババが絶対的優位を保っている事は事実で、それを「京東、Joybuy」が一生懸命追いかけている構図がわかる。

「京東、Joybuy」はアリババ一強にはさせまいと、色々な手を打ってきている。テンセントと組んで、実店舗とネットビジネスを融合させる策を2017年の10月に発表した。米国のウォルマート（中国に既に400店舗を展開）とも提携して、ウォルマートの会員システムを共有化して共同戦線を展開。また、「百度」とも連携してスマホアプリから「京東」のアプリに顧客を誘導する。

京東集団 ⇩ テンセント（WeChat）20%　保有
　　　　 ⇩ ウォルマート　10%保有
　　　　 ⇩ 百度　：アプリから顧客を誘導

また、２０１７年の12月にテンセントと京東集団はアリババ一強を崩す為にネットビジネス第三位の「唯品会・Vipshop」に12・５％の出資を発表した。この事に依り、アリババの対抗軸としてテンセント・京東・唯品会の３社連合が出来上がった。

後述するシェア・ビジネスでは、あらゆる取引がスマホを通して行われて、その莫大なデータ（ビッグデータ）が人口知能（ＡＩ）を通して解析され、個人の情報がマーケティングデータとして活用される。誰がどの時間帯に何処に行って、何を買って、何をしているかなど、全て判ってしまうのだ。これらのデータも価値を付けて売買されてゆくのである。（当然、お国柄、警察当局にも筒抜けであるに違いない）ＭＢＡの生徒達に聞いてみても、違法ではあるが個人の情報は簡単に入手出来るようだ。「困らないの？嫌ではないの？」と聞いても「そんなもんだと思っているから、気にしない」の答えが返ってくる。

「実倉庫＝京東の実店舗」と「淘宝のアリババのＢtoＣサイト」には基本的な違いがある。「実倉庫」は実店舗を沢山抱える店だが、「アリババ」は実店舗を持たず、ネット上の店舗で販売する。「実倉庫」のサイトから買うと、実店舗から即配達されて、その日の内に届く。但し、品揃えは標準的なものが多く、「何か特徴のある面白い商品」なんて置いていない。ところが「淘宝」のネット市場には個人の創る「何か特徴のある面白い商品」を見つける事が出来る。但し、納期は確かではなく、「実倉庫」より時間がかかってしまう。中国人は何を買いたいかによって両者を分けているようだ。「実倉庫」は実在庫、実店舗が基本なので、ウォルマートと提携するのも理にかなっているといえよう。

アリババが使い分けているブランド名は、整理すると次の通りである。インターネットを通じたビジネスで、蜘蛛のように網をかけて顧客を取り込んでいる。

BtoBの販売 ＝「アリババ」
BtoCの販売 ＝「淘宝 Taobao」「天猫（T-Mall）」
リサイクルショップ ＝「閑魚」
決済 ＝「支付宝アリペイ」
旅行 ＝「飛豚」
宅急便 ＝「菜鳥」

3 宅配ロッカーも完備

日本では、宅配業者が配達をしても留守の場合、再配達にかける時間とコストがかかり、

図2-9　アリババの宅配ロッカーシステム。スマホで決済する

驚くべき中国のネット活用度
<アリババの宅配ロッカーシステム、スマホで決済>

筆者撮影

人手不足も重なり値上げや、再配達を規制する動きが出てきた。図２－９はアリババの宅配ロッカーである。これは２０１５年から浙江大学内に設置されているものだが、生徒はスマホに荷物の到着の知らせを受ける。そこで、自分宛の荷物がどこのロッカーの何番に入っているかを確認する。そのロッカーに行き、ＱＲコードを読み取り、パスワードをもらって、ロッカーを開けて荷物を取り出す。アリババはいたるところにこのロッカーを設置している。宅配先進国であった日本も、いつの間にか中国に、システムでも遅れをとってしまった。

図2-10　自動販売機や駐車場の料金もネットマネーで決済する

驚くべき中国のネット活用度
<自販機、駐車料金もネットマネー>

ジュースの自販機

アイスクリームの自販機

駐車料金

筆者撮影

ネットマネーの威力、中国では当たり前に利用されている

1　財布を持たない中国人、すべてスマホで決済

学生達と食事に行っても、財布を持っている生徒を見たことがない。みんなスマホでネットマネー決済をして、財布を持ち歩く必要がなくなっているのである。レストランはスマホで決済、後、みんなでの「割り勘」はスマホのソフトで即ピッピッと送り合って済ませる。日本ではこの「割り勘」ソフトもまだ、広く普及しているとはいえない。

自動販売機は現金で利用出来る機器はほとん

図2-11　学食もネットマネー決済、露天商もネットマネーで商売する

驚くべき中国のネット活用度
<露天商もネットマネー、学食もネットマネー決済>

学食前の露店商

学生食堂の支払いカード

筆者撮影

どなくなった。すべてネットマネーがないとジュース一杯も飲めなくなっている。駐車料金もネットマネーしか使えない。ネットマネーをスマホにチャージしてないと、普段の生活も出来ないのが今の中国である。

テンセントが実施したアンケート調査では、84％が「現金を持ち歩かなくとも、スマホがあるので全く心配ない」と回答したそうだ。

学生食堂でも、学生が支払いカードに現金をチャージしていた機械は使わなくなったまま、食堂に置き去りになっている（**図2－11**）。その隣には、ネットマネーのチャージ用ＱＲコードが壁に貼られている。現金チャージするハードウェア機器への投資は必要なく、たった一枚のＱＲコードの貼り紙で代用出来ている。コスト面からも多大な貢献となっている。

学生食堂の外には露天商が葡萄を売っている。買い物する学生は露天商（自分の畑でとれた葡萄を売っているおばさん）が差し出すＱＲコードにスマホを当てて、ネットマネーで支払いをしていて、現金は使わない。筆者もアシスタントと学食でランチをとる事になったのだが、そのアシスタントは学食カードを持ってなかったので、側にいた学生に払ってもらい、彼にネットマネーで支払っていた。ほんの数秒間のスマホでのやり取りである。注意しながら、夜店の露天商達のやり取りを見ていた。現金を出して支払いをしている買い物客は誰一人見かけなかった。みんなスマホを使ってネットマネーで支払っている。

2　追いつめられる銀行

筆者が教える浙江大学のＭＢＡコースでは、沢山の銀行員が勉強している。昨年の秋に、銀行の景気を聞いてみると「先生、全然良くないです。ネットマネーに仕事を奪われてしまいました。」と言う。他の学生に「銀行にお金預けるよね、銀行はいつも景気は良いのね」と言うと、「銀行の利子は安い、ネットマネーで預ける方が利率は高いから」との返事が返ってくる。

利子率を比較すると、普通預金で銀行に預けると０・35％、ネットマネー口座では４・

２％と高い。一年間の定期利子率でも、銀行＝１・５％に対し、ネットマネー口座（ネット銀行）預け＝４・７％の差があり、銀行に預ける意味がなくなった。銀行は今ではお金を預ける仕事よりも、いろんな金融商品をつくって投資を呼び込む仕事がメインになっているとの事。その金融商品にアリババやテンセントが投資をする。つまりお金が環流しているのである。

２０１７年９月28日付の中国基金報によると、７月の普通預金残高は23兆８１００億元、現金残高は８兆６６００億元となり、１月時点と比較してそれぞれ１兆１７００億元、１兆９５００億元減少した。両方合わせた減少額は３兆１２００億元となる。これは１年前（２０１６年の１〜７月）と比較して20倍の減少額となった（昨年は１５００億元）。

ネットマネーの欠点を敢えて探すと、現金に変換したい場合は、５万元以上なら翌日でないと現金化できない、という事くらいであった。日本で心配するようなハッカーにハックされて、ネットマネーを盗まれる、などの心配は誰一人していないのも不思議な国だ。新しいクラスを受け持つ度に生徒達に「恐くない？もし誰かに引き出されたらと心配でしょう。そんな被害にあった事ないの」と聞いている。

しかし、彼らは友人達も含めてそんな被害にあった事は聞いた事がないと口を揃えて言う。ネットマネーを使うのは便利だから、みんなそれを優先して使っている。ＩＴは普通の生活のなかで、なくてはならないものにまで進化してしまっているのが中国である。

これらの事から、中国の銀行業務は、煩雑な個人の預金を扱う仕事はそのうちなくなり、ネット銀行が効率的にその業務を代行する時代が近づいているように思う。中国の金融業界の大幅な生産性アップに繋がるのであろう。

シェア・ビジネスが大盛況の中国、独自の進化を続ける ―スマホを活用したシェア・ビジネスの爆発的流行―

1 シェア・タクシーの実態

日本で言う「白タク」のような、タクシー会社でない普通の人達が自分の車でタクシー業を行う、「シェア・タクシー」や「シェア・カー」と呼ばれる新しいビジネスモデルが中国で大流行を遂げている。

アメリカの「ウーバー」システムが中国に入り込み、中国ローカル企業が始めた「滴滴(ディディと呼ぶ)」が、この「ウーバー」を買収して日本のような規制もなく、今では普

図2-12

タクシーの運転席、数台のスマホを操りこなす中国タクシー運転手
呼び出しもスマホで滴滴（DIDI）、日本を越えたネット活用国となっている

✓ 正規タクシーも白タクも同時にスマホでコントロールされて、選べる仕組み
✓ 雨の日などは料金を上げれば優先順位も挙げられる市場原理を導入

筆者撮影

通のタクシーと一緒に共存している。これらは全部スマホを活用して呼び出し、支払いはネットマネーでも現金でも受け入れてくれる。同じスマホ画面に、タクシーも「シェア・タクシー（滴滴）」も出てきて、自分で自由に呼び出せる。

筆者も雨の日に、アシスタントの女性にシェア・タクシーを呼んでもらおうとしたのだが、なかなか来てくれない。スマホ上では近くにいるのは判っているのだが、動こうともしない。「先生、料金を上げても良いですか。そしたらきっと動いてくれますよ」と言われ、「えっ！料金を上げると来るのか」と言ったら「そうですよ、少しでも稼げるように高くなるのを待っているのです」と言われて愕

然とした。市場経済理論がしっかりと適用されているのである。中国では「政府が規制して、やってはいけない、となっている事以外は何でもやって良い」が常識であり、本当に市場経済がみごとに活用されている。

もうひとつ驚くのは、スマホを使いこなしている事であろう。日本では図2－6が示すように、年齢が高くなるにつれて、スマホ所持率が下がってしまう。中国のタクシーの運転手さん達は数台のスマホを車に入れて、同時に、地図をみてナビゲーションに使う、会社とのやり取り、自宅との会話などに使い分けている。日本のタクシー運転手で中国の一般のタクシー運転手のようにスマホを使いこなしている人は見たことがない。図2－12の写真を見て頂ければ一目瞭然であろう。

この白タクに登録しているドライバーは、自分の車を利用して白タク業をする。筆者の経験からも、彼らの乗っている車は、非常によく整備されていて、室内も綺麗で清潔だ。普通のタクシーは自分の車でないので、汚いのが多い。シートベルトもベルトはあるが、差し込む側がない、つまり使用できないと言うのが杭州でのタクシーの常識である。それに比べて自家用車使用の白タクは良い車が多いので、満足度は大である。また、彼らの働き具合は必ず、ネット上で利用者から報告されて点数をつけられるので、普通のタクシーより愛想も良いし、サービスも良い。

２０１５年頃から「境外包車」（海外車チャーター）と呼ばれるサービスが流行り始めた。これは日本の羽田空港、成田空港などでも盛んで、違法ではあるが、海外で中国流の良識でお構いなしで使われている。ドライバーは日本に住む中国人で、日本でいう「白タク」である。中国からの観光客も、旅行社はほとんどが中華系で中国の常識でビジネスを運営している。料金も格安で、中国からの観光客や日本に住む中国人には大受けしている。ドライバー達も日本に住んではいるが、中国の「皇包車」などの会社の基準で選ばれて、その品質も必ず利用者からの評判を基に管理されているので、サービスも悪くはない。これらのサービスは中国の大手旅行サイトから予約も出来るのである。日本の法律で取り締まろうとしても、彼らは上手に地下に潜るだけで鼬ごっことなる。日本の規制ありきが良いのかも、問われる時期であろう（筆者注：２０１７年10月、大阪で中国式白タクが摘発された。）。

中国人達はネットを活用して、宿泊などもすべて現地から中国流に車も含めて手配ができ、中国語で利用出来るようにまでなっている。

図2-13　中国の代行運転サービス

折り畳み式電動バイクで運転代行シェアーサービスを行う「滴滴」

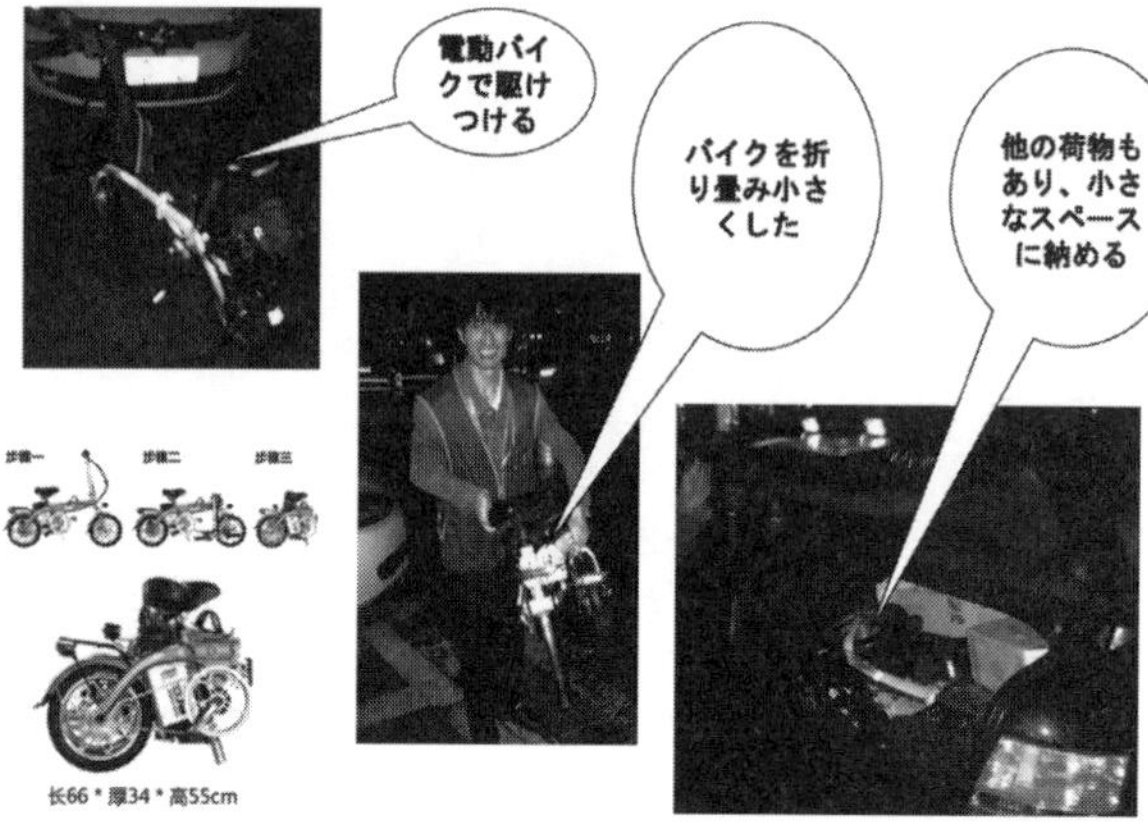
電動バイクで駆けつける
バイクを折り畳み小さくした
他の荷物もあり、小さなスペースに納める
长66 * 厚34 * 高55cm

筆者撮影

2 代行運転業

昨年の秋、浙江大学の講義の為に妻を連れて杭州に行った。丁度上海蟹の季節なので、中国人の友人の教授と食事をし、隣町の紹興から取り寄せた紹興酒で乾杯しながら、旬の上海蟹を味わった。紹興酒を飲み過ぎて運転できないからと、友人の教授は「白タク」の「滴滴」をスマホで呼びだした。筆者もワイフを同伴しているし、友人の教授夫妻を入れて4名である。これに代行を呼ぶと6名になって普通車には多すぎる。「二台呼ぶの?」と尋ねると「一台だよ」と言われて、どうするのかなと心配していたら、なんと代行は電動バイクでやってきた。一人である。

図2-14　中国ネット販売ビジネスの業界マップ

出典：iresearch

これなら一人だから大丈夫、でも「電動バイクはどうするのかな」と尋ねると、車のトランクに入れると言う。彼のトランクは他の荷物で半分は使われている。「これでは入らない」と心配していると、みるみるうちに電動バイクを折り畳んで、スッポリとトランクに納めた。これもビックリであった。**図２－13**をご覧頂きたい。折り畳み式の電動バイクと滴滴の代行運転手だ。滴滴はメンバーとなったドライバーに滴滴の名前入りの制服（チョッキ）を与えて、呼び出しを受けたドライバーはそのチョッキを着て代行に出かける。これで、日本のように二人で代行するのを、一人でできるほか、しかもスマホで呼びだせば近くに登録しているドライバーがすぐ飛んできて、とても効率が良い。送り届けた後は、自分の電動バイクで帰るもよし、疲れるとバスにバイクを折り畳んだまま乗って帰るのも良し、である。夜のバスでは、このような折り畳みバイクを持った代行ドライバーを多数見かける。

図2－14はネット販売ビジネスの業界マップである

商品が、生産者から消費者までに、ネットビジネスを通じて伝わるバリューチェーンを表している。ネットに入るサイト業者、ネットで販売する業者、支払いシステムを提供する業者、運送する物流業者までの代表的なプレーヤーを表している。たくさんの業者がひしめき合っているのが、理解できよう。

図2－14を見るとおり、左の生産者からネットサイトへの入り口を支配しているのが、WeChat（微信）やBaidu（百度）である。ネットの販売業者として総合的に商品を扱っている業者と専業的に幼児向けや、妊婦向けを専門とする業者、生鮮食品、インテリア、雑貨などの専業会社に分かれている。支払いを引き受ける業者、そして物流を担当する業者も表記されている。物流も、自社物流、3PL（3rd Party Logistic）と呼ばれる委託物流業者、ウーバーなどの白タク業者と同じように、ネットで呼び出し引き受けてくれる人を探す「シェア物流」業者なども専門業として存在している。

3　シェア自転車の爆発的流行、その便利さと弊害

筆者は２０１７年の春に上海、杭州を訪れた際に、赤、青、黄など鮮やかな自転車が街中に溢れかえっているのに気づいて驚いた。毎年、春と秋に集中講座で教えているのだが、今まで見なかった自転車の多さにびっくりしてしまった。これらは今ではシェア自転車として、日本でも一部導入され始めたが、当時は「突然、街に湧いて出た」と言うのが相応しいであろう現象だった。

図２－15を見て頂きたい。「旧」と表している写真が今までのレンタル自転車であり、固定された駐輪場に設置された自転車を、プリペイドカードを購入して借りて、返す時は同じように各地にある固定駐輪場に戻すのである。ところが、「新」と書いた写真は道路の脇に置き去りにしたままで、固定の駐輪場には返していない。

この「シェア自転車」と呼ばれるものは、２０１４年に北京大学の卒業生４人が始めて、２０１６年の後半から爆発的に伸びてきて、２０１７年の春前まではMobike, ofo等20社以上が参入していた。利用者は２０１７年の半ばで２０００万人近くになり、ベンチャービジネスとして参入した会社も潤沢な資金も調達できていたようだ。１時間の使用料は会社によって違うが大体１元から２元である。日本円で17～34円くらいである。こんなに安

図2-15　街に溢れかえる中国のシェア自転車

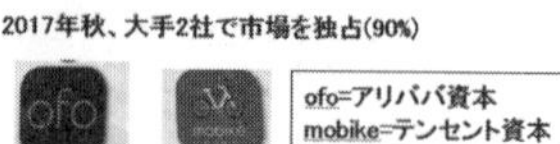

筆者撮影

くて採算が取れるのかなと調べてみると、利用者は最初に預託金として99元～299元（約1700円～5000円）を預けて利用を開始する。使った料金はこの預託金から差し引いて使えるようにしている。中国では3～4人の預託金を集めれば、自転車一台分くらいの金額になり、その金で自転車を発注して製造してもらい、サービスを提供するモデルとなっている。真さに「自転車操業」そのものである。

自転車は良く考えられていて、⑴GPSを搭載、⑵バッテリーはリチュウム使用、⑶タイヤはパンクしないように、メンテを考えてソリッドタイプにしている。利用者はスマホで検索して、近くにある自転車を見つけて、ＱＲコードを読んでパスワードをもらい、鍵を開錠する。利用後は、またスマホで終了を告げて、支払いをスマホで済ませて置き去りにする。ＧＰＳが付いているので、予約も出来てとても便利なものとなっている。

中国は日本と違って、交通の便は悪く、自転車があればとても便利なのである。日本のように、駅まで歩いていける距離に住めることは極まれな事なのである。筆者も日本で中国の留学生に「駅からは遠いの？」と聞いたら、「いいえ、とても駅に近いところに住んでいます。20分しか離れていません」と言われて、「へ～、20分もかかるの？」とびっくりした事を覚えている。20分は中国ではとても近い距離となっている。したがって、30－40分徒歩でかかるところを自転車でいけば便利なこと、このうえもないのであろう。

「日本では、こんな事できないなあ」と当時あちこちに乗り捨ててある自転車を見て、日本で活用できないかを思案していた。日本には乗り捨て可能な場所がないからである。「中国は広いから大丈夫かな、でも歩道に乗り捨てられたら、誰が整頓してくれるのかな？」とか、「いくらＧＰＳが付いていて便利だからと言っても、中国人はＧＰＳを壊して何処かに持っていくのでは？」とかの心配をしていた。

２０１７年の秋に、杭州の浙江大学の集中講義の為に戻りこの自転車の状況を見て、びっくりした。悪い予想が当たってしまった。世界遺産で有名な美しい西湖があり、南宋の首

図2-16　広場に撤収された放棄自転車、印象派の絵のようだ

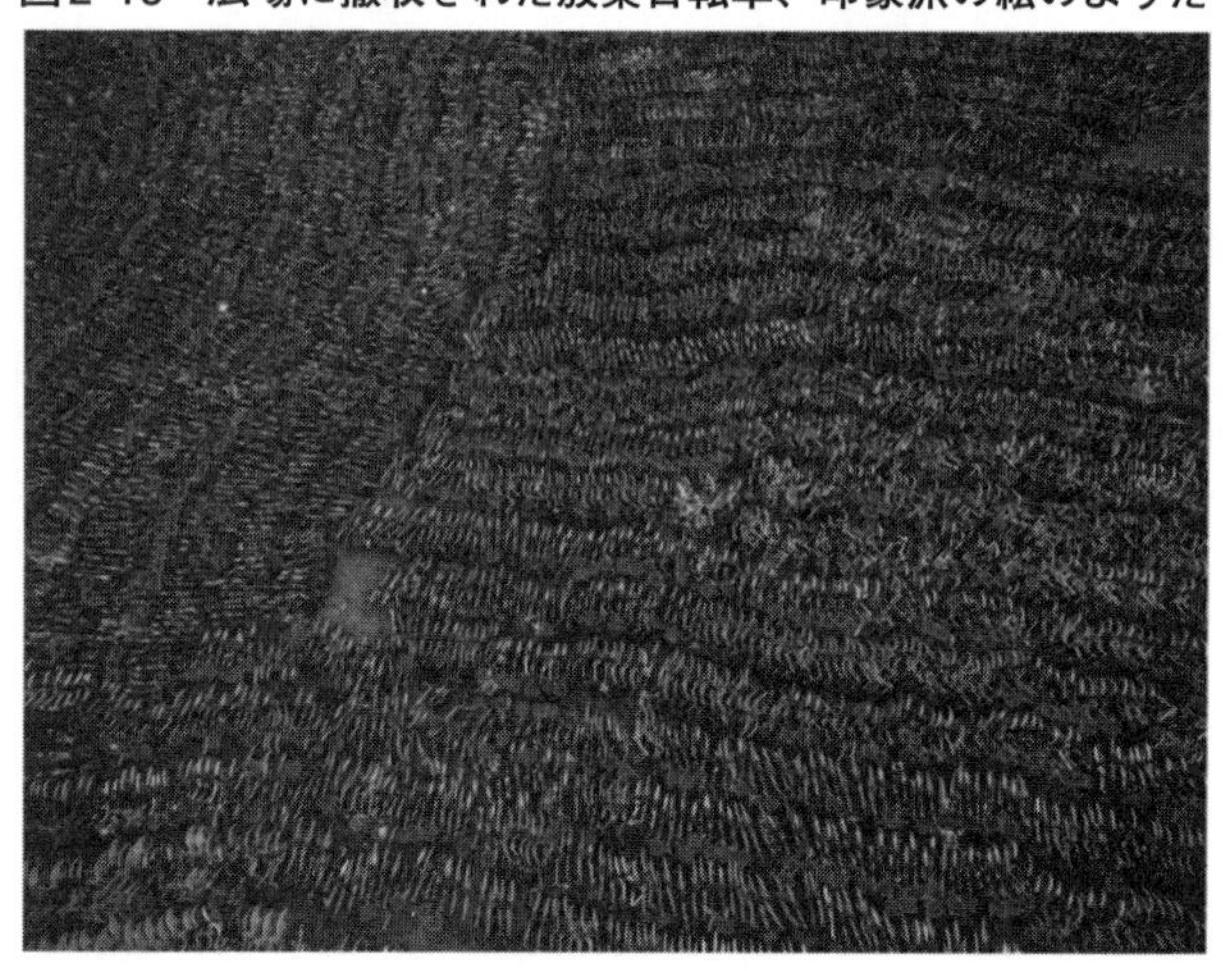

出典：© VCG via Getty Images

都があったのが杭州である。杭州市は、2008年に2400万ドルかけてレンタル自転車のプロジェクトを始めて、都市部を窒息させていた自動車の排気ガスを軽減したのである。

この種のプロジェクトは中国では初めて行われたものだった。その規模は武漢のプロジェクトに次ぐ大きさを誇っていた。このレンタル自転車で、年間11万トン以上の排気ガスを減らす事が出来た。このシステムは固定の駐輪場に返す事が条件で乗り捨ては禁止である。ところが、この乗り捨て可能なシェア自転車が民間企業として提供され始めると、中国特有の怠惰な利用者が大量にいる事に気が付き始めた。杭州市が設置した3000ヵ

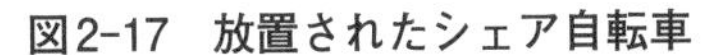

図2-17　放置されたシェア自転車

筆者撮影

図2-18　運営会社が放置された自転車を回収する

筆者撮影

図2-19　運営会社が置き戻した自転車

筆者撮影

所の駐輪場に戻す必要もなく、好き勝手に自転車を放置するようになった。杭州市内だけでも、9万台近い自転車が乗り捨て可能で、使われ始めたのである。あちこちに乗り捨てられた自転車に、市民からの苦情も出てきて、警察はこの放置された自転車、約23000台を2017年の秋に市内の16か所に運び込んだ。真に「自転車の墓場」である。

図2-16の写真を見て頂きたい。カラーで見せられないのは残念だが、実写真はまるで、印象派の画家が描いた絵の様に、色とりどりの大量の自転車が、墓場に運ばれてきたのである。ならば市政府は駐輪場に規制を設けて、駐輪する場所を決めるなどの策をとるのかと思いきや、ただ市の管理する広場に持って行っただけで、又自転車が街に溢れかえるのを黙ってみている。自転車墓場の23000台は壊れた自転車ではなく、しっかりと機能する乗れる自転車であり、乗ろうと思えばいつでも使えると言う。でも墓場のような自転車置き場から自転車を選んで乗る人もあまりいないであろう。その内にバッテリーも切れてしまい、GPS機能も作動しなくなる。市政府はあくまでも自転車を提供している会社の責任と割り切っているようだ。

ところが、昨年末には状況が急激に変化していた。5社で寡占状態であったのだが、IT企業の巨人達が莫大な資金を注入して、2社独占状態に変わった。アリババとテンセン

図2-20　街のあちらこちらに設置されたスマホ充電器

携帯の充電器まで、シェアーエコノミーの対象
預託金を活用して回す、自転車操業型のビジネスモデル

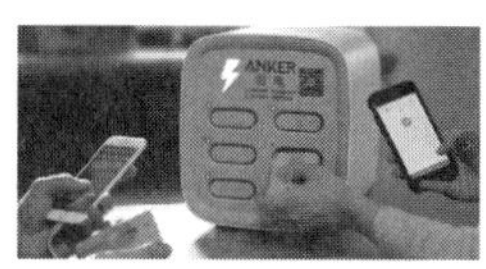

ホテル、レストラン、コンビニなど、街のあちこちに設置された充電器

筆者撮影

トである。自転車はmobikeとofoの2社、赤と黄色の自転車が勝組となった。そうすると何が起こっているかと言うと、当然放置自転車は所有する２大巨人ＩＴ企業の責任であり政府の圧力もあるのであろう。**図２-17～２-19**のようにmobikeとofoから、整理する車が自転車を回収して、検査をして綺麗に並べて街に陳列するようになった。この市場秩序構築のステップは何とも言いようのない、中国流そのものであろう。

　また、今年1月には、ウーバーを買収しシェアータクシーの中国での独占企業となった「滴滴＝ディディ」が、２０１７年11月に経営破綻した「小濫単車＝ブルーゴーゴー」の運営権を実質的に継承する事になり、シェアー自転車のマーケットはmobike, ofo, Blue Goの3社が寡占することになりそうだ。

4　シェア・ビジネスは自転車操業か

図2－20を注目頂きたい。これらは携帯電話の充電器である。このような充電器が街中のレストラン、コーヒーショップ、コンビニ、ホテルなどに設置されている。最初の一時間は無料で後30分毎に1元（17円）をチャージする。こんな安い使用料で儲かるのかな？とシェア自転車と同じように考え込んでしまう。

この充電器を設置する費用は場所やお店によって、無料であったり、有料であったり、まちまちである。なら何の為のビジネスだろう？　先ず、利用者は100元くらいの預託金をこの会社に支払い、使用料はそこから引かれていくシステムになっている。シェア自転車と同じように、この預託金を運用するのがこのビジネスモデルである。もっとも中国のスマホは近年ローカルメーカー製が主流となり、電池なども耐久性がなく、一年も使っているといくら充電しても、すぐになくなってしまう。そのため、スマホのユーザーは常に充電場所を探す事になる。そこに目を付けているのがこのビジネスだ。

図2-21　2015-2018年シェアービジネスの経済規模
中国規模とグローバル規模の比較

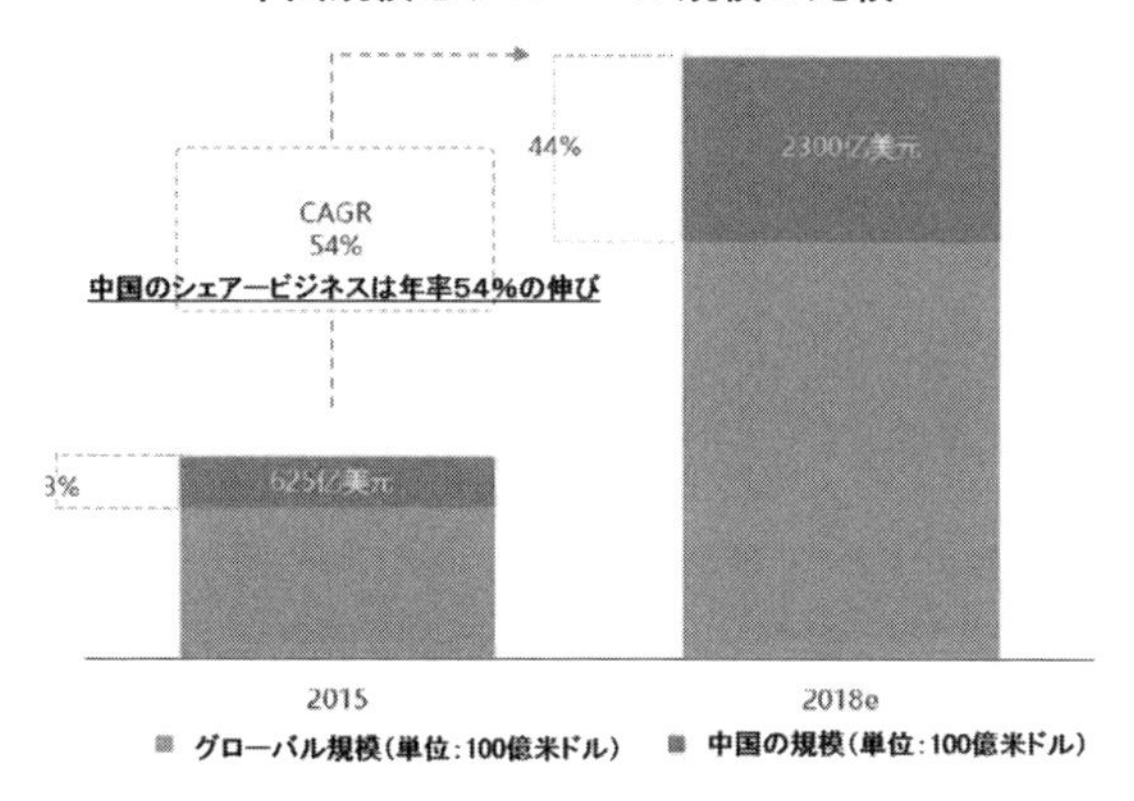

出典 : iresearch

図2-22　中国のシェア・ビジネスのバリューチェーン

出典 : iresearch

ただし、充電料では安すぎてビジネスは成り立たない。シェア自転車と同じく、預託金の活用が主目的となっている、所謂「自転車操業」そのものであり、日本人には考えられないハイリスクビジネスとなっている。"街电"（街の充電器の意味）と呼ばれるブランドが№１のシェアを握っており、ＣＥＯは元アリババの人間である。まだアリババなどの巨大ＩＴ資本は入っていなかったが、２０１７年の８月にB2C販売のJumeiyoupinに買収された。Jumeiyoupinは**図２－４**及び**図２－８**に登場するマイナーなプレーヤーだ。充電器使用から得られる膨大な個人情報が目的なのであろう。

5 シェア・ビジネス大国「中国」

図２－21は、シェア・ビジネスが大盛況の中国をその規模で、他のグローバル諸国と比較した図である。２０１５年から２０１８年までの3年間で年率54％も伸びるのである。とにもかくにも、中国のスピードの速さには驚かされてしまう。

図２－22は中国のシェア・ビジネスの流れを、各々のバリューチェーンで活躍する企業のブランド名で表したものである。これらの企業は目立っている企業のみであるが、中小を入れるともっとたくさんの企業が関係するものであろう。

利用提供者のなかの「移動」と表しているのは、滴滴などのシェア・タクシーや、シェア自転車などを意味している。所有権販売者と言うのはリサイクルショップのようなもので、中古品を取引する。サービスの提供者も「物流」「医療」「技術」「教育」「メディア」など幅広い。お金の面でも金融サービス業者として、街金融業者や、ネット金融を提供する業者がビジネスを構成するバリューチェーンのなかにしっかりと入り込んだビジネスモデルを構成している。

中国人のネットリスクに対する感覚、日本との差

1　フィンテック大国となった中国、独自の進化を続ける

フィンテック（ファイナンシャル・テクノロジー）は世界で注目されているが、中国では「アリペイ」「ウィチャットペイ」などで上述したように、普段の生活のなかに組み込まれて進化を遂げている。銀行のアプリケーション・プログラミング・インターフェイス（ＡＰＩ）を公開して他のサービスと結びつける「オープンバンキング」が世界で注目されている。これは銀行の持つ情報を第三者と共有して、新たなサービスに繋げる取り組み

である。

中国では既に、実生活レベルで使われており、フィンテック最新国と言えるであろう。2014年に世界経済フォーラムが天津で開催された際に、李首相が起業促進として掲げたのが、「大衆創業、万衆創新」であった。誰でも企業して、イノベーションを起こせる環境を作ろうと号令をかけた。資金需要を満たす為に、テクノロジー企業が銀行業務に参入するのも、インターネット金融が自由に拡大してゆくのも放置した。ここでも、問題が大きくなって修正が必要となるまで、自由にさせるのが中国政府のやり方なのだ。

中国には零細企業向けの金融機関は存在したが、充分なサービスを提供出来てはなく、市場経済での会計方法など中小企業には理解できてなく、銀行も融資に踏み切れず倒産してしまう会社も多々あった。そこで、個人の間でネットを通じて資金をスマホのアプリを使って融通し合うＰtoＰレンディング（個人間の貸し借り）が始まった。お互いに会ったこともない相手とお金の貸し借りをするのである。

中国は2008年のリーマンショックの際にＧＤＰがマイナスにならなかった唯一の国である。政府が4兆元（68兆円あまり）の資金を市場に注ぎ込んだ事は有名なはなしである。これらのお金はその後、不動産や株や様々な投資対象へと動く事になって、たくさんの中国成金を生んだ。その人達が日本に来て爆買いをしてくれているのである。

ＰtoＰのお金の投資額は数千元から数万元ととても手頃であった。収益率も15％くらいは稼げるので、投資側にとっては絶好の投資対象となった。２０１５年には２０００社以上のＰtoＰプラットフォームの会社が存在して、２０１５年の前半だけでも約５兆円の取引額となった。投資している人数はなんと２１８万人、借りる側は１０６万人で平均の収益は15％近くあった。

ところが、中国では詐欺も多く発覚した。有名なのは、90万人の投資家から５００億元超を騙し取った「e租宝（イーズパオ）」が破綻した。これは大変だと政府が動き、ノミ行為の禁止や元本利回りを保証する事が２０１６年８月に禁止された。その結果これらのプラットフォーム会社は４０００社から１／４の１０００社まで激減した。ただし、今でも学生達と話していると、元本保証の案件を多数耳にする。聞いているだけで詐欺だろうと思うような話がたくさん存在しているのも、中国のお国事情であろう。

アリペイやウィチャットペイなども前述したように、第三者決済機能だけでなく、預金、貸付、送金サービスなどを行い、そこから得られるネット上取引のビッグデータを用いて、与信や債券回収といった銀行の中核業務にまで入ってきている。アプリは何度使ってもゼロのコストであり、銀行と違って手数料は基本的に発生しない。銀行も追い詰められてしまっているのが、現状である。

2　アリペイ（アリババ）が提供する与信情報「芝麻信用」

アリババは自社のネットマネー「アリペイ」で新しく「芝麻信用」なるものを始めた。これは過去の決済実績やビッグデータから解析された行動、性格、交友関係などのデータが、アリペイの決済を通じて蓄積されているので、「与信」つまり、個人としての信用度をコンピューターで計算して、数値で表すサービスを始めた。「芝麻信用」は、企業の格付けをするムーディースとかS&Pの格付けと同じようなものだ。

芝麻信用はあちこちで重宝され始めて、例えば600点以上なら賃貸サイトで、敷金が不要、消費者金融の審査も不要となる。700点ならシンガポールのビザが取り易くなる。又、シェア自転車やシェア充電器などへの預託金も不要とする会社も数社ある。

750点に達すると北京空港の出国レーンも専用ラインを利用できる。ネット大国中国での個人の日常生活にまでアリババの出す信用度ランクが影響を持つようになり始めている。

図2－23は私の生徒の芝麻信用のポイントである。764点で、AAAランクと言えよう。芝麻信用は、アプリに登録する際に公開しない旨のロックをかければ、容易には公開されない事に一応はなっている。ところが、普通このロックをかける方法や、機能の場所も判りづらくほとんどの人が放ったらかしの様である。色々なアプリからもこの芝麻信用

にアクセスが出来て、個人の情報が垂れ流しになっているのだ。
問題はこのポイントはみんなにオープンとなる情報で、ポイントが低いと普段の生活にも影響する。シェア・タクシーの「滴滴」のドライバーも、呼び出された顧客のポイントを見る事が出来る。個人情報保護の法律なんて、中国にはなく誰もそれを問題としていないのだ。逆に「滴滴」も自分の評価を顧客にされて、彼のポイントがインプットされるので非常にオープンなシステムとなっている。深く考えてみると、問題が沢山出てくるであろうが、今の中国はまだそんな時代を迎えてなく、イケイケドンドンの状態がそのエネルギーの源泉となっている。

図2-23

筆者撮影

3 アリババ創設者ジャック・マーの先見性

ジャック・マーは1995年にアメリカで使われているイエロー・ページと言われる、今ではBtoBつまり、企業や工場の情報を黄色のカバーに納めた本をオンラインで使えるように開発した。これに依り、利用者は便利にビジネスに活用する事が出来始めた。彼はBtoC向けに「淘宝、「Taobao」を設立した。インターネットが利用度を高めてきた折、製造側は注文を受けて品物を造って出荷するも、入金されない。又、消費者側は、受け取ったけど品物は不良品だった。などのトラブルが多発していた。そこで、中国式の「交易中介＝信用仲介人」たる信用供与の役目をするネットビジネス上の機能が活躍する事になる。「交易中介」は買い手側から代金を先ず入金する。売り手側が商品を送り、買い手が満足して初めて代金を売り手に送付する。つまり、信用代行を務めていた。ジャック・マーはそこに目をつけた。支付宝＝アリペイをつくってこの「交易中介＝信用仲介人」の役目をさせる事にした。売り手側もキャッシュフローの為に現金が必要な場合は、その債権を割り引いて買い取り、即支払うサービスを提供するので、売り手側も資金の回転に役に立ち、買い手側は約束された品質の商品を確認するまで、お金は支付宝＝アリペイにあるが、そのお金は払われない。この信用供与によって実物を確認できないネット上のビジネスは保険とも言える「交易中介＝信用仲介人」を経由して益々増えていった。

この支付宝＝アリペイはペイパル（Paypal）のコピー版でもあった。又、微信＝WeChatのネットマネー＝WeChatウォレットはこのアリペイのコピーでもある。政府はこのアリペイに蓄積されるお金の大きさに驚き、アリババからアリペイを分離させる策を講じた。

前述した様にこのアリペイ、WeChatなどのネットマネーの勢いに、中国の四大銀行はついて行けず、成長率鈍化の原因となっている。そこで、これらの四大銀行はネット企業と組んで、ビッグデータや人口知能を活用した「金融頭脳」の開発に着手している。

中国銀行はTencent＝テンセント、中国農業銀行はBaidu＝バイドゥー、中国工商銀行はJoybuy＝ジョイバイ、中国建設銀行はAlibaba＝アリババと組み次世代のフィンテックに的を当てている。

4　石橋を叩いても渡らない日本人、石橋を飛び越える中国人〝賽は投げられた〟日本

中国でのネットビジネスの利用度は、現場に行ってみない限りは理解できないであろう。我々の日本人社会は、第三次産業革命であるインターネットの発展を、未だに緩やかに見

つめている状態である。しかし、実際に中国で生活してみるとその差の大きさに驚いてしまうであろう。筆者もＩＴへの理解度は標準レベルよりはあると自負していたが、この中国の現状を見るにつけ、ただただ驚くのみである。人口が日本の10倍と多いので、その変化の度合いが10倍以上の強烈な刺激で襲ってくる。これからは、このギャップが益々大きくなってくるに違いない。一番の違いはやはりメンタリティではなかろうか。

一流企業の管理職となっているＭＢＡの学生達にも、「ネットビジネスのリスク」など考える人は全くと言っていいほど目に留まらない。彼らは便利なものはまず試す、使いこなす、都合が悪くなれば修正する。走りながら修正を加えて、進化させてゆくのである。

政府が介入しない限り、市場はすべて「フリーマーケット」なのであり、自由自在にビジネスチャンスにトライして、試行錯誤を繰り返している。真に、前述した如く、「市場経済原理」を一番踏襲している人達なのである。都合の悪い事が続けて起き始めると、政府が介入して規制を課す。規制なきところは、何でもありが中国の世界。このＩＴの世界はまだ人類が経験したことのない領域へと進んでいるが、何が悪くて何が正しいかは試行錯誤を重ねないと判らない領域が沢山ある。

中国のパワーはフリーな領域は「何でもあり」で突き進むことにある。日本は心配される領域を規制して、とにかくリスクフリーを心がける。その為に自由闊達な活動が自ら制御されてしまい、市場経済論理が制限されてしまい、発展のスピードや、その恩恵からは遠のいてしまう。されど、ＩＴの進化は想像以上の進化を日々遂げている。中国は無秩序の如くに言われがちだが、この進化を一番早く享受でき、生活のなかに活かしてゆく環境にあると言えよう。

5 「わかっちゃいるけどやめられない」ネット活用願望と秘めたるリスク

シェア自転車といい、シェア充電器といい、純粋に考えると「自転車操業」そのものである。彼らは預託金が消化された後はどうするのであろう。新しい加入者が連続的に確保出来ないとすぐ、資金ショートとなる。実際に倒産したシェア自転車会社はいっぱいある。シェア自転車にはＧＰＳが付いている。利用するには、個人の登録をしてスタートする。

つまり、その利用者は自転車を利用した履歴はすべてデータとして残る。このデータが所謂「ビッグデータ」として、分析されればいろんなマーケティング活動の貴重な資料となる。日々の行動を分析されて、中国なので当然、公安（警察）にはそのデータは吸い上げられていると判断するのが妥当である。政治活動をしていない限り、中国人はそんな事は気にかけていない。この個人のデータを分析してマーケティングに活用すれば価値が出るのを見越してシェア・ビジネスは成り立っていると言っても過言ではない。

つまり、シェア・自転車の会社は膨大な情報に、価値をつけて売る事ができるのである。これが彼らのビジネスを支える一つにもなっている。日本人のように、個人情報は保護されるべきだなんて、考えも及ばない。アメリカから発した個人情報保護は日本では拡張されて解釈され、法で定められる結果となっている。日本はどうしてこんなにアメリカに従順なのか、アメリカに住んで彼らの文化を共有した筆者には理解出来ない領域である。

前述したように、筆者のＭＢＡクラスの学生達はネットのリスクに関しては全くと言っていいほど関心もないし、心配もしていない事に、いつも違和感を感じていた。そこで、別ルートで色々と調べみた。やっぱり、リスクはいっぱいあった。

たとえば簡単に使っているＱＲコードが、家庭の電気代なども、ドアにＱＲコードが張られて、そのＱＲコードをスキャンして支払いを済ませている。ドアに貼られたＱＲコードの上に、巧に偽のＱＲコードを張り付けて、代金が自分の口座に入るようにする。払ったつもりが、払われてないとの催促を受けて初めて気が付く。

筆者は１９９０年の初めに共産体制が崩壊したハンガリーに、日本の会社として最初に１００％出資で製造会社を設立した時の事を思い出す。西側のヨーロッパと同じようにＡＴＭの現金引き出し装置が、街のあちこちに設置されて、24時間引き出しが可能となった。

ところが、悪い奴は本当に色々と考えて、犯罪を繰り返す。このＡＴＭ器の上にスッポリと同じデザインの機器を取り付けて、現金引き出しの為にやってきた人がカードを入れてパスワードまで入力する。でもＡＴＭ器は稼働しない。不思議に思ったカード保持者は壊れていると思って、諦めて他の機器を探しに去ってゆく。その直後、上に張り付けたＡＴＭ器を取り外し、記録されたカード番号、パスワードを抜き取って、アカウントを盗んでしまう。ソ連邦も崩壊した事もあり、当時のハンガリーはロシアマフィア達が暗躍していた時代でもあり、このような犯罪はとても簡単なもののようであった。

ロシアマフィアが、ブダペストの中心街のマクドナルドの駐車場に停めてあった抗争中の相手のマフィアの車に爆弾を仕掛けて、スパイ映画そのもののようにリモートスイッチで爆破させたり、中国マフィアとの抗争では、中華レストランの入り口のドアに爆弾を仕掛けたり、バズーカ砲を撃ち込んだり、日本では考えられない事が日常の生活のなかにあった。

ロシア・マフィア達のビジネスは実に巧妙かつスピーディーであった。車の盗難などは、「受注盗難」と言おうか、車種カラーまで指定した顧客の要望に応える為に、ブダペストの街に停めてある車を漁るのである。見つかると盗難するまで3分もかからない。ナンバープレートは変えられて、その日の内に隣国に持ち出されて、ハンガリー警察の追跡などできないのであった。中国の偽QRコードの話を聞いて当時のハンガリーのロシアマフィア達の犯罪を思い出してしまった。

もちろん中国で起きている犯罪は、ハンガリーとは違ってお金を取られるだけで、人への攻撃はないからまだ平和的な犯罪なのかもしれない。結論として、日本人が心配しているネットマネーのリスクはやはり存在する。しかし、日本の10倍の人口を抱える中国なので、被害はあるけど、日本のように問題視されていない。だから、MBAの生徒達も話題にしないのだろうと思う。リスクを心配するよりも利用する便利さを優先する国民性なのであろう。

6 ノーベル経済学者、ジェームス・ブキャナン教授の「自由経済」

以前、通っていたウィーンのビジネス・スクールに、ノーベル経済学者のジェームス・ブキャナン教授がやって来て、我々の少人数のクラスで講演をしてくれた。ブキャナン教授は理想的な自由経済を「道をつくる」ことに喩えて話してくれたのを思い出す。「道というものは、つくるものではない。人々が必要と思えば自ら出来上がるのである。隣村に買い物に行くと良い事があると判れば、みんな道なき道を歩いて隣村まで行く。その内にみんなの通った跡が自然と道になってゆく。フリーマーケットと言うのはその様なもので、計画的に道を造って村人の移動を容易にする、ようなものではない。必要性があれば、必ず道は自然と出来てゆくものである。」

ノーベル経済学者のブキャナン教授の言っていた事を、今の中国を見ていて「なるほど、」と思ってしまう。日本にいると、共産党一党支配からのネガティブなイメージが先行するものであるが、実際にその動きをみていると、日本よりもずっとフリーマーケット理論に忠実に動いている様に思う。政府が関与しない領域では、中国ほどフリーエコノミーを実践している国はない様に思える。政府の介入も政治的でない場合には、行き過ぎたフリーマーケットを調整する良きバランサーの役目を取っているのも事実であろう。

日本はどうであろうか。心配性で、完璧主義で、絶対に問題は起こしたくない。リスクテイクが世界でも一番低い国となっている。ネットビジネスを進化させようにも、そこから考えられるリスクを考慮して、規制づくめで結局前に進めない。

中国のやり方は確かに問題も多いが、取りあえず問題を含んだまま進んで、後からその問題を解決すべく政府指導が入る。どちらが良いかは賛否分かれるだろうが、ネットビジネスに至っては完全に中国が日本を追い越して、異次元の活用を効率的に行う国となってしまっている。

7 究極の「自由経済」が行き着く巨大資本の独占化と中国の独占禁止法（アリババとテンセントが市場を牛耳る）

問題は、野放しにされた「自由経済市場」は当然巨大資本が市場を独占してしまう事である。シェア自転車の例でも、筆者が街に溢れて色とりどりの自転車に驚いたのは2017年の春であった。その当時、淘汰は続いていたが20社くらいから5社へと勝者が決まりつつあった。ところが2017年の10月時点ではほぼ2社が独占し合う仕組みとなっていた。その2社はネットビジネスの二大巨人、アリババとテンセントである。アリババはofo社に、テンセントはmobike社に数百億円単位の資金を提供して、結局2強のみが勝ち残ってしまった。

「自転車操業」モデルであるシェア自転車会社の多くは資金倒れで、倒産してしまった。**図2－15**でその変遷を表している。この弊害から市場を守るために、自由経済を唱える資本主義諸国は、独占禁止法をつくってそのバランサーの役目をさせている。ところが、この独占禁止法たるもの各国の都合の良い思惑が前に出てしまい、公正な評価は行われにくい。

シェア自転車の場合、中国政府は成り行きを判りながら収まるのを待っているようだ。

街に溢れかえった色とりどりの自転車は、今では前述の2社によって綺麗に整列されて駐輪されて、秩序が守られて利用者も気分良く安心して活用出来る状態となった。最初から政府が関与するのではなくて、自由競争をさせて落ち着いたところで、指導をする。「自由経済」の具体的な運用を熟知しているかのようだ。

シェア・タクシーの業界もほぼ同じで、２０１５年に「滴滴打車（テンセントグループ）」と「快的打車（アリババグループ）」が合併して生まれた「滴滴出行」は昨年8月、ウーバーの中国事業を買収し、事実上ウーバーを中国から撤退に追い込んでいった。

ウーバーは２０１６年にこの「滴滴出行」と熾烈な価格競争を行い、両社とも儲けのないビジネス展開となってしまった。結局、この自転車の世界も2強である、アリババとテンセントが合弁会社をつくり、結局ウーバーまで追い出して市場を独占してしまった。買収後、「滴滴出行」は3割程値上げを行い利用者からは非難轟轟となった。普通なら中国政府はテンセントとアリババが出資するシェア・タクシーの合弁を認めるべきでないだろう。しかも外国勢として唯一残った世界最強のシェア・タクシー会社、ウーバーの買収も許可すべきではない。

一党独裁の中国では国益にかなうものはすんなりと許可される。しかし、そうでないものはいつまで経っても結論を出してくれない。

中国の大手調査会社「易観」が発表した２０１７年４〜６月期のスマホを使った決済金額は前年同期比で約3倍の23兆４０８億元（約３９８兆円）と大きく伸びた。この市場もアリババのアリペイが53％、テンセントのテンペイが39％となり、２社で9割以上を占めてしまっている。２０１７年の10月10日のアリババの時価総額がアマゾンを抜いた。この時点でアリババの時価総額は４６９０億ドル（約52兆円）。会長の馬雲（ジャック・マー）は本社を置く、浙江省杭州に「達摩院」と呼ぶ研究所を建てて、３年で一千億元（約1兆７千億円）の巨費を投じて、人工知能や量子通信技術などの先端技術分野でアメリカの後追いばかりしていたのを変えて、独自の道を切り開く事を宣言している。筆者の教える浙江大学からもたくさんのＩＱの高い学生が応募している。

筆者はＭＢＡの授業でもよくこの中国の「国家資本主義」について学生と議論をしている。「自由経済圏」に入って市場経済を実践し、ＷＴＯにまで加盟している中国であるが、実際にやっている事は、サッカーの試合で言えば、足だけでなく、両手を使ってビジネスゲームをやっていて、相手は認めざるを得ない状況である。しかし、このような容認は時間的な制限のあるもので、やがて同じルールでビジネスゲームを行う事を強要される。

トランプ政権になってからは、容赦なく反則ゲームに罰を与えようともしている。国を会社に置き替えて、ビジネスの闘いをサッカーに例えて、手を使っても良いなら、必ずその試合には誰でも勝てると思うであろう。一党独裁で、好きなように道路や橋をつくり、為替もコントロール出来、それが会社の社長を兼ねているような国では、本当に好き勝手の経営ができ、成功するのは間違いないであろう。中国では国営企業と戦っても勝ち目はない。国が参画していない業種を皆必然的に選んでいるのである。アリババは既に、世界最先端のＩＴ技術確立に向けて一歩先へ抜け出した、世界規模でのリーディングカンパニーとなったのである。

8　中国での電子部品購入

話を主題の電子部品のネットビジネスに戻そう。中国では既に、ネットマネーで電子部品が購入できるようになっている。中国製の電子部品で革新的な新製品を創り出すようなものはまだ存在しない。ただし、彼らは世界のトップレベルの電子部品をネットでいち早く入手できる。デジタルエレクトロニクス時代には、自国に新製品部品がなくてもネットから素早く買える時代なのである。

大切なのは、スピードであり、競合よりいかに早く新製品を市場に投入できるかが、勝敗を決める。自国に優秀な電子部品がなくても、グローバル経済の下では簡単に入手できる。インターネットの発展は、グローバル化を着実に推し進める原動力になっている。日本的な発想ならば、「新製品である部品は日本だけに留めて、中国などに紹介しない。売らない」と言う様になるのであろうが、インターネットが発達した21世紀は社会がフラット化されて、経済は自然とグローバル化されてしまい、情報の拡散は当たり前の事となる。

これらの事実を認識して、競争戦略を考えない限り、勝者として生き残ることはできない。中国の設計者の方が、日本の設計者よりもスピーディーに最新の電子部品を手に入れる事が容易に行われているのである。マウザーの中国サイトでは、アリペイなどのネットマネーでの決済を受け入れているのも現実だ。ガラパゴス島の外では自然の流れに従った進化と自然淘汰が行われている。

9 コンプライアンスの壁

コンプライアンスの発祥の国のアメリカでも、技術者達はコーポレート・クレジットカードを使って、試作用の電子部品を購入できるが、日本では常識的に「技術者にコーポレート・カードを使わせて買い物をさせるなどはあり得ない」となる。

今、日本に入って来ている色々なビジネス上の規制はほとんどがアメリカ製である。アメリカではそこまでは考えてないが、日本に来ると真面目な日本人は、極度、極限の解釈をして、またそれを真面目な国民は文句も言わず守る。アメリカで13年生活した筆者でも、おかしいと思えるアメリカ製の規制が多々日本で創作されて、拡大解釈されている事に憤りを覚えることが多い。

５年程前に上海大学の理事会に要請されて、会議に出席していたときに、このコンプライアンスについて、熱い議論を交わしていたのを思い出す。当時のＭＢＡ教育の最も重要な課題は「ＣＳＲ＝Corporate Social Responsibility 会社の社会的責任」であり、どのように学生達に教えるべきかが議題であった。大学側はアメリカ式のコンプライアンスを強調して、アメリカの学校で教える教材を使う事を主張していた。欧米を20年以上経験してきた筆者は違和感を覚えて、「どうして５千年の歴史を持つ中国が２００年ちょっとのアメリカ式を採用するのですか」と異論を唱えた。

私は「欧米流は、製造業で言えば最終工程の出荷検査を厳密にして、不良品を振り分ける。日本流は製品を作り込むなかで、不良品を排除する。出荷検査の段階では不良品はない。その過程で全て修正されて不良品は後の工程まで引きずらない。アメリカ流は警察官をいっぱい増やして犯罪者を取り締まる。日本流は犯罪を起こさないような教育を大切にする。中国も沢山の賢人達が人としての教えを伝えているではないか、悪い事をしようと思えば、利口にやってしまう輩が必ずいる。それよりも、やる事がいかに悪いかの源流を管理すべきである。たとえば、『論語』の様な教育を再開する事を考えてみてはどうだろうか。孔子、老子、孟子などいっぱい教科書は自国にあるではないか」と主張した。最近は論語教育も見直されて、あちこちで行われるようになっていると聞く。

私の主張で進めていたＣＳＲの課題も、東芝問題などが表に出て、日本も欧米流の性悪説を基にしたコンプライアンス強化が必要であろうとの悔しい意見に押されてしまった。アジアでは欧米流とは違う管理の方法が必要であり、中国でもそれを専門に研究している教授も増えてきている。

中国では企業の目的は「経済価値」ひとつしかなく、とにかく儲ける事しかＭＢＡの学生の頭にはない。「人間価値」や「社会価値」などの認識は皆無に等しい。

私の生徒の多くは、将来企業のＣＥＯとなって中国経済を担っていくであろう人達である。こんな認識では地球がおかしくなるので、企業のトップリーダーはバランスのとれた考えで経営しないといけない。会社経営で、何にプライオリティーをつけるか？との多くの投資家からの質問に答える場合は、筆者のＴＤＫ時代の元上司で、現ＴＤＫ相談役の澤部氏の名言を紹介している。「論理的には株主、実際的には得意先、理想的には社会、心情的には従業員」と答え、企業の三つの価値「経済価値」「人間価値」「社会価値」をみごとに網羅して発言していたのを覚えているからだ。

話をコーポレート・カードに戻すと、性悪説を信じる欧米では技術者達にコーポレート・カードの使用を許しているが、性善説の日本では全く受け入れてないのが事実である。

話は逆では？と思いたいが、現実はそうなっていない。日本がいかにアメリカの影響をその上辺だけで解釈して、取り入れているかが良く判る。結果として、日本の開発技術者達が「Time to Design」で欧米に遅れをとる原因のひとつとなっている。

10 「包」の経済

中国の経済構造と文化を理解する上で、筆者は神戸大学元教授の加藤博之氏が唱える「包の経済論」に共鳴を覚える。「包」とは中国式請負の総称で、日本での下請けに近いが、その契約内容や、やり方には大きな違いがある。「包」の世界ではお互いを必要とする契約なので、契約を出す側「出包者」と受ける側「承包者」は対等の立場を維持する。また、「承包者」はその請け負った仕事を第３、第４の「承包者」へと渡し、これらの関係はすべて「人と人」の繋がりの関係へと広がっている。

加藤氏は明清時代の海運業で「包」について具体的に判り易く説明をしている。船頭は海運の責任者だけでなく、寄港地で商品を購入し、目的地で販売もして自分の銭を稼ぐ。船の乗組員も決められた仕事をした後は、自分で仕入れた商品の販売に精を出し、自分の銭を稼ぐ。とても欲張りで正直な「人心」を「包」は上手に包容している。

余談だが、日本に来た中国の留学生達は、日本の会社に就職して、「他でサイドビジネスをするのは会社の規則に違反だ」、と言われてみな、ぶつぶつと苦情を言う。このような社則は彼らの常識からはとても受け入れられる事ではない。仕事が終わった後、自分で銭儲けをして何が悪い、銭が欲しいから会社に迷惑かけないで別の仕事をする事は、彼らにとっては当たり前の事なのだ。彼らも会社に就職する事は、「包」のひとつであると自然と理解しているのであろう。

「包」の特徴のなかには、「人」の性質として、すべからく仕事を他者に渡し続け、他者に全面的に依存する寄生的な性格が基本的に存在している。自分で経営努力を惜しまずに、技術革新やコストダウンの為に切磋琢磨しながら知恵を絞り、利潤を最大化させるなんて事はしない。もう一つの特徴としては、投機的性格があげられる。上述したように、他者に寄生する「人」が手にする利潤とは他者に仕事を請け負ってもらって、その上前を撥ねる、中間マージンを取得する事である。他者に請け負わせたとしても、仕事が完了しないと、利潤を手にする事は出来ない。自分で選んだ「他者」が別の「他者」を選び仕事を渡す事も考えられる。それらの複数の「他者」がしっかりと仕事を終えてくれるかは、保証はない。つまり、「他者」を選び、仕事を全面的に請け負わせる「包」の原理は一種の「賭け事」でもあり、投機的なものである。

しかし、「包」の仕事がどこかで失敗した際はどうするのであろう。その際は、中国語で「没法子」つまり仕方がない、と自分を悟らせて諦めるのである。自分でやった事だからとの「強い自己意識」を自分のなかに見出して、人為をもっていかんともしがたいものを熟知した存在の域に達するのである。「出包者」は必ずしも失敗したお金を全部引き受けるのではなく、参加する「包」の中で、平等に又、公平にその投資に応じた利潤や損失を分け合うのである。

日本に来ている中国人留学生達をみていると、この「包」を納得させるような動きを多々みる。例えば卒業を迎えて、日本で就職活動をする場合、入社試験を受ける会社の情報を内部にいる中国人社員から情報を集める係り、提出する論文をサポートする係り、オンラインなどのインターネットでの試験に横にいてサポートする係り、ＴＯＥＩＣなどのテストを受ける際に、カンニングにはなるが横で一緒に受けてサポートする係り、などそれぞれのプロセスを請け負う中国人仲間での「包」を形成して、受かったらいくらもらうか、それぞれのプロセスでいくらと決められているそうだ。

彼らの間では、とにかく受かるための手練手管を使うことは当たり前で、自分自身の努力とかは二の次で如何に優秀な「承包者」を見つけてくるかに一生懸命になる。受からなかった場合の諦めも、正に「没法子」となる。この中国人達の情報のネットワークにも驚愕される。日本人には真似の出来ない貪欲さが彼らのエネルギーとなっているように思える。

浙江大学MBAでのコンプライアンスの授業で、東芝の不正会計処理をケーススタディにした事があった。MBAの生徒から「どうして不正が見つかったのか」との質問に、「内部での告発があったと思う、ほとんどが内部告発で見つかるものだ」と答えると、「では先生、可哀そうにその告発者は殺されたでしょうね」と言われた。「なんで殺されるの？」と聞き返すと「だって、3代もの社長が隠してきた事を暴露して生きていられる訳がない」と言うのである。中国の常識はそんなものかと、寒い思いをした。しかし、かなりの数の生徒から「ある程度の不正はどの企業もやっている。やらないと競争に負けてしまう」と言われて、「では君達はそれがバレてしまったらどうするの？」と聞き返すと「没法子」だと言われて、驚いてしまった。今考えてみると、この加藤教授の「包」の理論で納得がいく。

中国の経済社会は「資本主義的な経済社会」ではなく、人本位的な秩序で保たれる「人本主義」の経済社会と言えよう。「人と人」の直接的契約関係が社会の秩序を形成しているのである。早く言えば、「人のコネ」がないと、何もできない社会となっている。環境破壊や腐敗が起き易い社会体質も「人本主義」がベースなら仕方のない事であろう。

しかし、「包」がうまく機能すれば、個人の創造性を発揮させられる自由な裁量の機会が彼らの世界を包み込んでしまう。シェア・ビジネスはこの「包の経済」という文化的基盤の上に、インターネットの進化が後押しして、自由空間のなかで異次元の進化を遂げているると言っても過言ではない。

筆者の日本人の友人が中国で自分の銀行口座を開こうとしたが、できなかった。居住者でないと基本的に口座を開く事は出来ない事になっている。ところが、生徒のひとりが銀行員で「問題ないよ先生、私が作ります」と言ってくれて、彼は簡単に口座を開設することができた。すべてコネの世界である。中国のビジネスで、日本人が直接お金の回収まで含めてビジネスが出来る領域はほとんどない。やはり、リスクヘッジをとるために、取引のなかに中国ローカル代理店などの機能を活用するのである。「包」の経済観は日本人には一番理解しかねる領域なのであろう。

電子部品の購入も歴史的に上述したように、中国メーカーは中国ローカルの商社を通して、日本や欧米の最新の部品を手に入れていた。これも大きく変化を遂げようとしている。

特に開発や設計用に必要な多品種で少量、しかも新製品をネット経由で簡単に買えるインフラが整ってきたのである。マスプロダクション用の大量ロットは中国の商習慣が先行して、ローカル商社や、部品メーカーから直接買うケースが未だに多いが、設計用の少量はネットマネーでアリババから買う様に簡単に、ネット商社のサイトから即座に部品を調達できるようになった。日本の設計者よりも早く部品を手に入れて試作設計をする事が出来ている。マウザー社の売り上げ実績を見ていても、中国への売りが、圧倒的に伸び率が高い。

第2章のまとめ

本章では、ドッグイヤー（7倍のスピード）の速さで異次元の進化を遂げる中国について、筆者が肌で感じた変化を具体的に紹介した。経済用語ではこのような中国の変化のスピードを「蛙飛び現象＝Leap Frog」と呼び、日本人の変化を避ける「石橋を叩いても渡らない」生活文化と比較して考察した。

筆者は、中国の大学で社会人にＭＢＡのコースを教えて7年となった。特にこの1～2年の変化は目覚ましく、驚くばかりである。財布を持たない中国人、シェア自転車、シェアタクシー、フィンテック（ファイナンシャル・テクノロジー）の最先進国の生活様式を、筆者の経験から具体的に紹介し、進化とはトライ&エラーを繰り返す事によって、成し遂げられるものであるが、中国人は本来進化に適する国民であろう事を、「包の経済」論を引用して説明した。

インターネットが金融システムにまで入り込み、驚くような異次元の進化を遂げている中国のフィンテックにも焦点を当てた。産業革命が始まってから「生産資本主義」と呼ばれる体制が主体であったが、20世紀の終わりから「金融資本主義」が台頭し、インターネットと結びついた「フィンテック」が金融界の大変革を起こし始めている。本章で具体的に説明している変化も、経済的には必然的に生産性を上げるもので、効率の高い変化である。「モノづくり大国」から「お金づくり大国」へと蛙飛びで進化を遂げようとしているのも中国だ。この中国の進化のスピードを日本の産業界の皆様にも知って頂き、「Time to Design to Market」の短縮へ、時代にマッチしない商慣習などを取り去り、「石橋は叩いたら渡る」程度の進化は期待したい。

第3章

気がついていない日本の文化的ビジネス障壁

資材調達部門の問題

日本のエレクトロニクス企業は、２０００年にＩＴバブルを経験し、殆どの企業が赤字となり、リストラを強いられた。２０００年のＩＴバブルは、ＩＴ需要の見込み違いで、各社が大幅設備投資を実行し、急激にブレーキがかかり、在庫が溢れてしまった。

筆者も当時、11年近く駐在したヨーロッパから帰任して、情報通信関連部品を製造する事業部長として、無線、有線、光通信など、通信関連部品の製造に関わっていたが、受注に急ブレーキがかかり、新規受注はないが今までの注文残がまだいっぱい残っているという歪な状況を見て、社内会議では生産の縮小を訴えていた。ヨーロッパ時代に開発した受注から出荷までのグローバル分析データを見ていたからだ。

ところが、日本人の「和をもって尊し」文化が行き渡っている社内では、「みんながんばって売り上げ新記録を狙っているのに、おまえだけが水を差す。まだ溢れんばかりの注文残があるのに。」と取り合ってくれなかった。自分の事業部領域だけはと、無線、有線部品の作り込みは絞り込んだが、光部品はまだ受注も衰えることなく、旺盛であった。理由は、光ファイバーが通信のインフラとなり、いくら作って投資しても間に合わないと、天文学的な数値をアメリカのコンサルティング会社が発表していて、世界の光通信の業界はその天文学的数字を信じて、疑いもせず投資を続けていた。「光関連の技術者」と言われるだけで数億円の価値がつき、それらの技術者を新規に雇うのは不可能に近かった。

ところが、その1年後に悲劇が起きた。この天文学的数値は、何の根拠もなく創りあげられたもので、実際の需要に突然陰りが出てきた。私も、会社に大きな損害を与えてしまった事を今でも反省して止まない。電子部品会社のなかには、光事業部なるものまで新設して、拡大を期待していた企業も多かった。だが、その3年後には光関連部品を独立事業体として存続させている企業は殆どなくなった。

この時期を振り返ってみると、本章のテーマである「文化的なビジネス障壁」とその後にコストダウンの一環として、資材部門が取り組んだ対策＝「口座数（サプライヤーの数）を減らす」ことの影響度の大きさに、改めて驚いたものであった。欧米で20年以上仕事してきた筆者にとっては、当時、取締役として発言しても会議の空気が優先してしまい、冷静な意見は殆ど理解されない、というのが現実であり、後述するハイコンテキスト文化との闘いであった。データよりも雰囲気やら、それらがかもし出すハーモニーのようなものの方が、重要視されてしまう日本の文化である。

いくら注文残が豊富にあっても、新規の注文数が下降してきたら、生産のブレーキを踏むのは、冷静に考えると当たり前のことだ。ブレーキを踏めなかった事業体は在庫の山をつくり、全社的に赤字になった。上場以来、初めてのリストラを慣行することになった。

人員削減の他、コストダウンの方法として購入先＝「供給メーカー」を半減させることは、どこの会社の資材部門でも当時、目標値として掲げるものだった。購入する企業の数を減らし、その取引分をメインの１～２社に振り替えて数量をまとめる代わりに、価格を下げさせるのが目的だった。確かに沢山の業者と付き合うのは、それ相応のコストが余分にかかってしまうので、合理的な発想である。

1 「口座減らし」とは何か

日本のエレクトロニクス企業の資材部門では、その後２００８年のリーマンショックも経験し、「口座数を減らす」が確固たる正義の方針として定着していった。

一旦、方針が決まると徹底して約束事を守るのも日本の文化である。一般的に、設計技術者が試作品を作るのに必要な部品を集めるのに、彼らの多くはインターネットを見て部品業者の品番を検討する。社団法人ブランド戦略研究会のアンケート調査では、部品メーカーの営業にコンタクトするのは全体の３割くらいで、残りはインターネットや雑誌からそのメーカーの情報を得ると言う。スマートフォンでも部品点数は1000点以上になるが、欧米では部品の員数表（BOM）を作って、アマゾンでショッピングするように、ネットでまとめて数十社の部品をワンクリックで注文する。

欧米の設計技術者の多くは、会社からコーポレート・クレジットカードを与えられ、その日に注文すれば、すべての部品が早ければ翌日に手元に届くのである。コーポレート・クレジットカードを技術者が自由に使えるなんて事は、日本式コンプライアンスの理解では、有り得ない事である。

日本の現状はというと、通常は資材部門に購入依頼表を作って送り、資材の担当者がその部品を取り扱っている商社やメーカーにコンタクトして発注する。その場合、部品メーカーや商社が口座をもっていなければ、新たに口座を開く事はしないで、口座をもっている商社を探して、そこを経由して購入する。ネットからワンクリックで簡単に買おうと思っても、この「口座減らし」方針が障壁となって買う事ができない。口座をもっている商社も、設計技術者が選んだ部品をすべて扱っている事はなく、ほとんどを2次代理店と呼ばれる商社を通して購入して、また売りをする。煩雑なプロセスと時間をかけてでも、この方法を取らないと部品は集まらない。

だから、ネット販売業者が口座開設を申し出ても、資材部門は「口座減らし」の正義の方針が優先して、試作品作成の為の部品購入の目的であっても、その事で口座数を増やす事になり聞き入れられる許容範囲から外れてしまう。結果として、既に口座をもっている部品メーカーとたくさんの商社にコンタクトしながら、試作用のサンプル部品を集めることになり、「Time to Design」は遅れてしまう。しかも、半導体などは、ほぼ外国からの購入となり、時間がかかる。構造的にスピードの出ない仕組みとなっている。

しかも、部品メーカーも1～2個の部品を要求されても、前述したように社内手続きもあり、ネットで購入する場合と比べて時間のかかるものである。普通、部品メーカーでは、サンプルを出す場合には、何に使われて、その商品は何時頃、どれくらいの数量で量産がされるか等のマーケティングデータを書き込まないと、出荷出来ないようなシステムになっている。

そのような情報を与えたくない顧客もいるし、あれこれと時間をかける結果となる。このような事からも、ネットで購入する場合と比較して、少なくとも1カ月以上は多くの時間をかけている。

2　アナログ技術時代に確立された仕組みを踏襲

エレクトロニクス産業で、アナログ技術が旺盛で日本のセットメーカーが世界を席捲していた時代は、電子部品のメーカーも、半導体を含めたあらゆる部品は、日本メーカーが新製品を開発してセットメーカーに納める時代であった。セットメーカーの開発技術者達は、日本の部品メーカーの営業、技術を呼び出して一緒に新製品に必要な部品の開発をしていた。同じ時間帯で、日本語でビジネスを進める事が常識であった。

たまに、新しい部品が海外から紹介されて、開発技術者が採用して、いざ量産となってその会社に必要なだけの数量が生産できないとか、生産しても品質が求めるレベルに達しないなどの問題が起きる。開発技術者達は新しい会社から製品を売り込まれた場合、熟練の資材の人達に比べて、技術は判断できるがビジネスに必要な、その他の詰めの作業は不慣れな場合が多い。そこで、各社は開発技術の部門に部品メーカーの選定をただ技術的判断のみでさせないで、資材が介入して量産にマッチしたＱＣＤ（Quality, Cost, Delivery）を満たせることができるかを、チェックしてＯＫとなった部品メーカーのみ設計に採用出来るというシステムを築いていった。

アナログ技術の時代は、時間の流れもたおやかで、いろいろな準備や対策をとる時間は充分にあった。ところがデジタル技術の時代は、競争における鍵は「スピードとフレキシビリティー（柔軟性）」である。しかも、肝心の半導体は外国勢が新製品を次々と送り込む時代に替わってしまった。日本のセットメーカーがリーダーシップを取って、部品開発までさせる余力は残っていない。現場は「スピードとフレキシビリティー」でドンドン変化を遂げているのである。うまくいかないと判断したら、それを修正するスピードもアナログの時代に比べて驚くほどの早いスピードだ。それをやり遂げるメーカーが勝ち残るのである。

資材担当の人達と話していると、「技術者達にネットを通じて勝手に部品を選ばれては、量産時に必ず問題が起きる」と心配して、自分達がなかに入り込むアナログ時代のシナリオを従順に保ち続けている。しかし、ネット販売商社と呼ばれる会社は各社ともに、メーカーを選ぶのも厳しく検討した上で、自分達のネットに載せており、アマゾンのような品数を競って扱うシステムとは一線を画しているのである。今の日本の資材を見ていても、デジタル時代に必須と言われる「スピード」のある動きをしている会社はごく僅かであり、韓国や台湾の資材の人達の動きと比較しても完全にその「スピードとフレキシビリティー」で負けている。

韓国や台湾から顧客の資材担当の人達が、休日であってもアポイントもなく、事務所や工場に押しかけて来て、守衛さんに話しかけ、関係者を見つけ出し、問題解決ができるまで居座って帰らない、という経験が多くの日本の部品メーカーにはあり、仕方なく最低限の回答を優先して与えて帰ってもらうそうだ。

一方、誇り高き日本のセットメーカーの資材担当はそこまではやらないし、やれない。デジタルの時代は問題解決もスピーディーにやらなければならないのに、アナログ時代のようにプロセスのなかに資材部門が介入して、「Time to Design」を遅らせているからだ。「源流管理」は品質管理の基本である。設計の段階で、量産まで見据えた部品選択が重要なのは誰も疑わない。しかし、その為にスピードが落ちてしまっては、デジタル時代の敗者になってしまう。設計技術者達に自由度を持たせ、スピードを上げて、勝てるスピードで、技術情報を収集し部品選定をさせることが重要で、デジタル時代に対応する資材部門の仕組みも考えるべきである。

デジタル時代の競争のなかで、筆者も経験した携帯電話での事例を紹介しておきたい。携帯電話の先駆者はアメリカのモトローラ社であった。ハリウッドの戦争映画に出てくる兵士の持つ無線電話はモトローラ製だ。アナログ通信での世界の覇者で市場の4割のシェアは持っていたと記憶している。使用部品の選定は厳しく、新規に参入する事はとても難しかった。彼らのやった事は、日本の資材がやっている事と同じで新規サプライヤーを制限して、新しい技術をもった部品メーカーがいるにもかかわらず、執拗に制限をかけた。

その結果は、デジタル通信が主体となった時にその首位の座をすっかりフィンランドのノキア社にもって行かれた。後追いのノキアは必死に沢山の部品メーカーと付き合い、小さなメーカーであっても育てるように大事に付き合った。ところがノキアも首位の座を満喫してしまうと保守的になり、新しい部品メーカーとは付き合わなくなった。つまり、自分達が慣れた業者で数のアップダウンも対応してくれる既存の部品メーカー（口座を持っている）しか受け付けなくなってしまっていた。すべての開発スケジュールは極秘として、各部品メーカーに守秘義務を必要以上に執拗に求めてきていた。

筆者は彼らのサプライヤー会議に毎回出席していたが、パネルディスカッションの際に「新製品開発」がテーマになり、世界中から集まったサプライヤーのひとりで「ノキアに新製品を紹介しても無駄でしょう。あなた達は新しい技術は心配して採用してくれない。韓国やカリフォルニアのお客に先ず紹介するし、開発もする。」と熱っぽく語っていたアメリカの半導体メーカーのＣＥＯの言葉を思い出す。ノキアの技術者達は、新しい部品技術の情報すら取れなくなっていった。

新しい商品は「新しい部品」を使わない限り生まれてこないのだ。ノキアがあっという間に携帯電話の世界から消えていって、今では名前すら出てこなくなった。韓国のサムソンは、シリコンバレーで新しい技術を見つけると貪欲に取り込んでいった。当時のノキアのスピードよりは数倍早かった。

デジタルの時代はアナログと違って「スピード」が命なのである。技術者たちは、色々と試行錯誤を重ね、自分の設計が正しかったかどうかの検証をいち早くする必要があるのだ。ダメなら再度試作を繰り返し、これぞと思う商品にまで煮詰めるサイクルを早める事が勝者への要となる。近年のアップル社は以前のノキアのような秘密主義が目立つ。既に起こった歴史の轍を踏まない事を祈りたい。

「口座がないから買えない」、などと言ってる場合ではない。「Time to Market」がドンドン遅れてしまうのである。「ＩｏＴ」の時代が到来している。この市場で活躍する部品メーカーのなかには、ベンチャー企業がたくさん存在する。日本にいる資材の担当者が知るすべもない、口座などもちろん持っていないメーカー達なのだ。日本にいる資材の担当者達がそれらの技術の可能性を判断して、口座を開くかなどの議論すらできない相手なのである。デジタル時代に対応する新しい資材の仕組みを、絶対に考えるべきである。

先日もアメリカの会社の日本支店に勤めるマーケティングマネージャーが、本社から「サブスクライバー（メールのアドレスを登録してダイレクトメールを送れる相手）が凄い勢いで増えているのに、その中から注文に結びつく比率が他地域と比べて一番低い」と非難を浴びていた。彼は「私は色んなメディアやセミナー、展示会を熱心に催して、サブスクライバーの数を増やしているが、我々から商品を買いたくても、社内の資材の壁に遮られて買えない事情がある。でもこんな日本の特殊な文化的障壁はアメリカには到底理解してもらえない」と嘆いていたのを思い出す。これが、現実である。

大手半導体メーカーの５００名くらい集まったセミナーで講演をした際に、電子部品を必要としている設計技術者達の集まりなので、「このなかで、コーポレート・クレジットカードを使用できる人は挙手して下さい」と尋ねると、10名以下であった。また、「資材を通さなくても試作部品を購入できて、雑費で処理できる人は」と尋ねても10名以下であった。この現実を、日本のガラパゴス化した経営者達はおそらく、まったく理解していない。このような事で、競争戦略におけるスピード「Time to Design」がどれくらい遅れているか、知る由もない。先日もある会社の部長さんから、「横さん、やっとうちでもコーポレート・クレジットカードの使用がＯＫになりました。後押しして頂いてありがとうございました。」とお礼を言われた。本書を執筆しようと思った動機も、実はもっと多くのマネージメントの皆さんに現実を理解して頂き、日本の電子産業がスピード競争に打ち勝てるようになって欲しいからだ。筆者が提案している事は、コストもかからない、ただ「古いしきたりを変える」だけで効果が出る事なのだ。試作部品調達では、日本は世界一スピードの遅い仕組みを踏襲している現実を経営層の皆様に理解していただきたい。試作スピードをあげる事は、製造でのリードタイムを短縮するのと、「Time to Market」では同じ効果が出る。しかも、コストフリーで実現可能な効果なのだ。買い方のみで、一カ月は短縮できる。一ヵ月のリードタイム短縮はいくらのお金になるか、冷静に考えてみて欲しい。

日本のハイコンテキスト文化とその弊害

異文化論が議論され始めた頃の1976年に、エドワード・T・ホールズ氏がコンテキスト論を唱え、日本の文化と欧米文化の差をわかりやすく説明した。筆者も50歳を過ぎて、異文化経営理論を勉強し、実践経験で得た体験がとてもわかりやすく、論理的に説明されている事に驚きと感激を隠せなかった。異文化論は、若い時に学んでおけばもっと現場で説得力があったものをと、後悔している程である（**図3－1**）。

コンテキストとはコミュニケーションをする時の信号の事を指し、ハイコンテキストとは信号がハイ（High）、つまり多くの信号を出してコミュニケーションを取ると言う意味である。逆にローコンテキストとは、コミュニケーションに使う信号がロー（Low）、少ないと言う意味である。

欧米人は一般的にローコンテキスト文化で、コミュニケーションに使う信号は言葉がほぼ100％である。つまり、言葉で表現する事がすべてであり、それ以上も以下でもなく、要は言葉で伝えない限り、理解してもらえない。

図3-1　ホールズのコンテキスト論

エドワード T. ホールズ氏が1976年に唱えたコンテキスト論 (Beyond Culture)

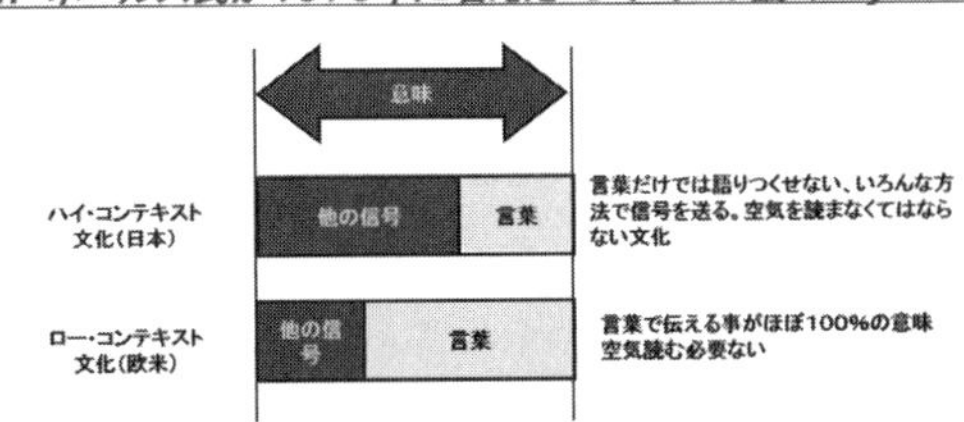

コンテキスト(Context)とはコミュニケーションを行う上でのシグナル、欧米人は言葉(Verbal)が全ての意味を持ち、日本人とか東洋人はコミュニケーション上発する言葉は全体の意味の3割くらいで、あとの7割はジェスチャーであったり、語気であったり、なんとなく雰囲気を読み取る態度、空気を読んでのコミュニケーションを行う
ハイ・コンテキスト=コンテキスト（信号）が沢山ある、言葉はその一部
ロー・コンテキスト=コンテキストは言葉のみ、、、言葉の意味する事が100%

出典 : Edward T. Halls "Beyond Culture"

一方、日本人はハイコンテキスト文化である。コミュニケーションに使う信号は沢山あり、言葉はその一部である。その他の信号を沢山送って、コミュニケーションをとる民族である。だから「空気を読め」なんて言われて、理解できるのは日本人くらいで、欧米人は何の事やらさっぱり理解できない。では、日本人のハイコンテキストに関する具体例を挙げながら、その特徴を整理する。

1　製造業の海外進出では、欧米系に比べて日本企業の出向者数は圧倒的に多い

日本企業が海外で「ものづくり」をするときに使用する、「製造仕様書」と呼ばれる手順書は、ハイコンテキスト文化そのものである。それは、言葉で説明され尽くしてないため、仕様書通りに製造して

も製品はでき上がらない。日本人出向者が必ず仕様書に書かれていないところを手取り足取り教えないと製品ができあがらない。日本人は常識の領域として、言葉には表さない部分を、表すすべを知らない。

欧米企業は、製造仕様書に書かれている通りに作業をすれば製品が出来上がるようになっている。よって出向者の数も圧倒的に少ない。シャープを買収した台湾のフォクスコンは中国にいるシャープの日本人出向者の多さにびっくりして、大半を帰国させたのも、このような理由からであろう。

2　技術者の責任回避

日本の技術者達は自分の購入したい部品の詳細まで、仕様化できない。部品メーカーとの擦り合わせを常に期待し、時間をかける。部品メーカーが作ってくる仕様書を「承認仕様書」と称して正式なものとして位置付けている。承認仕様書通りに製品をつくり、セットに組み込まれた後、問題が起きると多くの場合、部品メーカーにその責任を負わせるような商習慣が続いている。部品メーカーはセットを組んでいないので、部品単体の仕様しか保証できない、にもかかわらずである。

欧米の企業は自分達がつくる部品仕様書がすべてであり、部品メーカーに「承認仕様書」などの作成、提出は求めない。欧米のセットメーカーにとっては、自分達が決めて仕様書に書いた事がすべてであり、その範囲に入っていれば、後で問題が出ても（セットメーカーの工程上、問題が起きても）部品メーカーを非難する事はない。彼らが発行するのは、彼らの「承認書」であり、彼らの仕様書に合っている事が絶対条件となる。

3　欧米のビジネスでは紙に書かれた契約書がすべてであり、口約束とかは殆ど効力がない

筆者も欧米でのビジネスで苦い経験を何度もしてきた。特にアメリカでは人の移動が頻繁で、担当者が変わると、約束されていた事などは、紙に書かれた証拠がないと全く信じてもらえなかった。会議の後の議事録などは、必ず残す事を習慣づけるようになった。契約書のなかでも、お互いに不都合な事態が起きたときの解決法は、日本では「お互いに誠意をもって解決する」などの文言が必ず入る。欧米ではしっかりと解決方法を具体的に明示する。

筆者がアドバイザーを引き受けていた台湾の会社のＣＥＯから「日本の顧客との取引でクレーム条項を入れたら、取引をしないと言われた。あなたはどうしているのか」と聞か

れた。彼は、彼の会社が原因で品質問題が起きた場合、保証できる金額をいくらまで、という条項を常識的に記した。そうすると、日本の得意先からは、「なんだ、上限を決めて逃げようとしているのか？」と激怒されたそうだ。私は「その金額は得意先が最初にいくらと提示したの？」と聞くと「いや、自分達はアメリカの得意先と常識的に交わしている条項をいれた」と言うのである。

「違う、日本では常識としてそこまでは契約書に書かず、精神的に誠意をもって対処する」と書き、問題が起きたとしてもそのように誠意をもって交渉に当たれば、数字で示さなくても同じようなレベルに落ち着くものである、と説明をし、彼はその通りに変更して契約もスムーズに終えたと連絡が来た。

筆者もドイツの会社と合弁事業をやる際に、相手企業から合弁解消の際の別れ方について細かく明記され、日本に送ると「せっかく結婚するというのに、結婚の前から離婚条項を入れるとは何事だ？どうして水を差すような条項をいれるか？」と大反対されたのを覚えている。日本に帰って必死に説明をしてOKをもらった。その合弁事業も20年近く続けた後、解消となったが、揉める事なくスムーズに終えられたのも、ローコンテキスト文化の、言葉での具体的な条項があったからこそ出来たのであって、そうでないケースで長年揉めた会社を多数知っている。

4　欧米人は日本企業の役員として成功できないのか

最近、ある日本企業の権限規定書を読んでいて、「重要と思われる事項は役員会の承認を必要」とする文章を多数見つけた。何が重要なのかは、具体的に明示していない。「私は重要と判断しなかった」と言われてしまえば、反論もできないのである。この辺りはハイコンテキスト文化の「空気を読む」領域になるのであろうが、欧米人には全く理解のできない事であろう。

日本の企業で欧米から役員を招聘して、日本の役員会議に出席させて、成功した会社はほぼ皆無と言える。欧米人に「空気を読む」事はできないのだ。筆者も欧米ビジネスを20年以上経験し、取締役として日本に帰任し、役員会に出席して欧米流に「意見を言えない人は能力のない人、仕事してない人」の常識で、意見を述べる事を義務と思って発言していた。

そうしていると、後で先輩の役員から「お前は海外が長いから空気を読めてない、喋り過ぎだ。日本では社長が先ず箸に手を付けてから、やっと下の役員は食事を始めるんだ」と説明されたのを、覚えている。日本人である筆者は「空気を読む」意味は理解でき、以後気を付けるようにはしたが、仕事では意見は言うべき、という信条はコンテキスト論を越えて、守り続けたので嫌われる事も多々あったと思っている。

5 欧米人の公衆の面前での「I Love You」の意味

欧米人のご夫婦と食事をすると、いつも感じるのは、「よく頻繁に“I love you”を言い合う」事ができ、ベタベタ出来るものと感心する。かなりのお歳のご夫婦でもその度合いは減らない。家内に「我々もやる?」と聞いたら、いつも「気持ち悪いから止めて」と怒られる。欧米人は愛を表現するのも、やはりローコンテキストであり、言葉中心の明確な信号のみ、なのだろう。日本男子のように、ハイコンテキストで「言葉に出さない秘めたる愛情」なんて、絶対に理解してもらえないものであろう。

O型組織とM型組織の文化論

仕事する上で、知っておけば得するもう一つの文化論は、1994年に林吉郎が唱えた

図3-2　O型／M型組織文化

林吉郎が唱えるO/M型組織文化論、1994年（異文化インターフェイス経営）

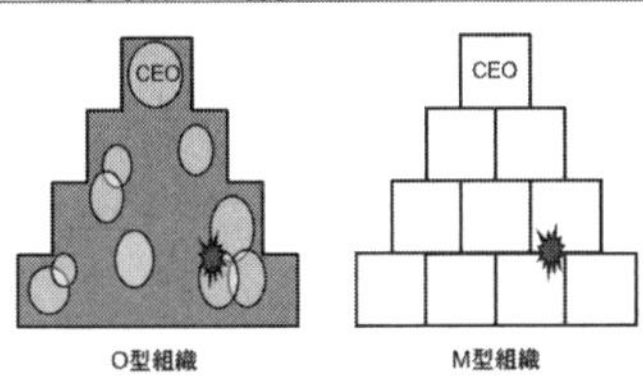

・▒▒ がグリーンエリア（O型組織にはあるが、M型組織にはない）
・問題が起こったとき（✸が問題の起こった箇所）、O型組織では全員（担当者以外の成員も）が対処するが、M型組織では担当者（この図では2名）だけしか対処しない

出典：『異文化インターフェイス経営』林吉郎著

有機的組織（O型＝Organic組織）と機械的組織（M型＝Mechanical組織）の比較文化論である。

図３－２が示すO型組織は日本型で、M型とは欧米型組織である。日本の企業で残業が多いのも、このO型組織運営が文化的基盤となっているからであろう。日本の企業文化は「和をもって尊とし」であり、ハーモニーを第一に重視している。農耕民族らしく、みんな一緒に、日の出と共に畑にでかけ、夕陽と共にみんなで仕事を終えて帰ってくる。

それに比べて、狩猟民族である欧米人はそれぞれ決められた役目で狩りをする。仕事の職務がしっかりと定められており、それが終われば、それぞれに帰って行くのである。**図３－２**のM型組織で四角い枠内が自分達の部署であり、問題が関連していればお互いに助け合うが、組織的に職務が関連しない部署（別の枠内）で問題が起きても、助けに行く必要はなく、逆に余計

図3-3　O 型組織と M 型組織の違い

O型組織（日本型）	M型組織（欧米型）
▲ 組織目的を達成するために必要な戦略的な仕事は基本的に共有領域で行われるが、ルーチン化された仕事や専門性の高い仕事は、円内の個人の領域となる（グリーンエリアが存在する） △ 共有領域は、メンバーが協力して共同責任で守るが、そのときの個人の担当範囲はコンテクストによって柔軟に決まる（有機的チームワーク） △ 組織内の情報共有を重視し、OJTで人材を育成する（ゼラリスト要件）	▲ 組織目的を達成するために必要な仕事はすべて個人に分割・配分する。共有領域は特に定めたもの以外存在しない（グリーンエリアは存在しない） △ 各メンバーの責任領域が組み立てられる形で協力する（分業的チームワーク） △ メンバーの責任領域にあてはまらない問題は、領域を修正したり、改組する形で対処する △ 特定の専門能力を重視し、専門知識を強化する形で人材を育成する（スペシャリスト要件）
▲ 人からの人事：内部市場にいる人が持つ能力をどう活かすかという視点から、配置を考える △ コンテクストによる全人格的参画 △ 過程を重視する（どういう努力、協力、推進をしたか） △ 人事の基準が暗黙化している	▲ 職務からの人事：仕事上求められる資格や経験を有する人材を外部市場から採用する △ 職務記述書とアカウンタビリティーによる参画 △ 結果を重視する（どういう結果を達成し、貢献したか）

出典：『異文化インターフェイス経営』

図 3-4　O 型組織（日本型）の長所と短所

長　所	短　所
1.インタラクションがもたらす総合性と創造性の結果 **2.個人の視点よりも、組織の視点が主導的に開発される** **3.有機的な柔軟性が開発される** **4.情報共有をもとにした一体感が醸成される** **5.一般従業員の自発性と自律性が開発される**	**1.イントラクションを通じて仕事することで生まれる、相互依存性の構造** **2.個人の専門性が開発されない** **3.中途採用者などの低コンテクスト的参加者を、異質として意識する** **4.外から見ると透明性に欠けている** **5.個があまり尊重されない**

出典：『異文化インターフェイス経営』

図3-5　日本と欧米の違い

	日本	欧米
感覚	アナログ（感覚的）	デジタル（論理的）
コミュニケーションスタイル	ハイ・コンテキスト	ロー・コンテキスト
基本的な組織	O型	M型

出典：『異文化インターフェイス経営』

な事はしない方が組織運営は上手く行くというのが、M型組織の基本である。

この組織は、どちらが良いとか悪いとかの議論は図３－３と図３－４で示しているように一長一短はあるが、どちらもその国の文化的な慣習が基盤となっており、容易に変えることは出来ないのも、現実である。しかし、確実に言えるのは、ＩＴがパラダイムを変えつつある中では、Ｍ型組織の方が新しいパラダイムには適合し易いと言う事であろう。

資材部門の人達が、インターネット上の言葉でのみ説明された製品をネットのサイトから購入したくない気持ちも、このハイコンテキスト文化論で説明がつく。新規に口座を開設する事なく、「口座減らし」の現実的効用を論理的に理解せず、先人達が掲げるスローガンに盲従して空気を読み、「和＝ハーモニー」を保つ。ＩＴ活用がもたらす「Time to Design＝設計リードタイム」短縮などは、考えも及ばない。

デジタル時代における、競争に勝つ為の最も重要な「スピード」の世界は忘れられたまま、殆どの日本のエレクトロニクスの資材部門は、未だにハイコンテキスト文化を守り続けている。

技術者は人見知り（オタク化）？　部品メーカーの営業と会いたくない理由

セットメーカーの技術者達が内向的になって、部品メーカーの営業とは会いたくなくなってきている傾向は日本だけでなく、世界的に広がってきている。

オタク化したという表現は正しくないかも知れない。ただ、コンピューターの前で自分の空間を大事にして、他人とのコミュニケーションを「直接会って取りたくない人達」の事を意味している。この傾向は欧米でも顕著で、マウザー社のサイトは夜の10～11時のアクセス数が極めて多い。家に帰ってから、家族との食事も終えて、明日の仕事の仕込みをPCに向かってせっせとやっているのであろう。

オタク化と言っても、効率化を求めて自分の時間を他人に煩わされずにコントロールしたいのだ。つまり、彼らは前述したローコンテキスト文化に入り込み、効率を追求してい

図3-6　内向的化（オタク化）が進んだ世界的な技術者達の傾向

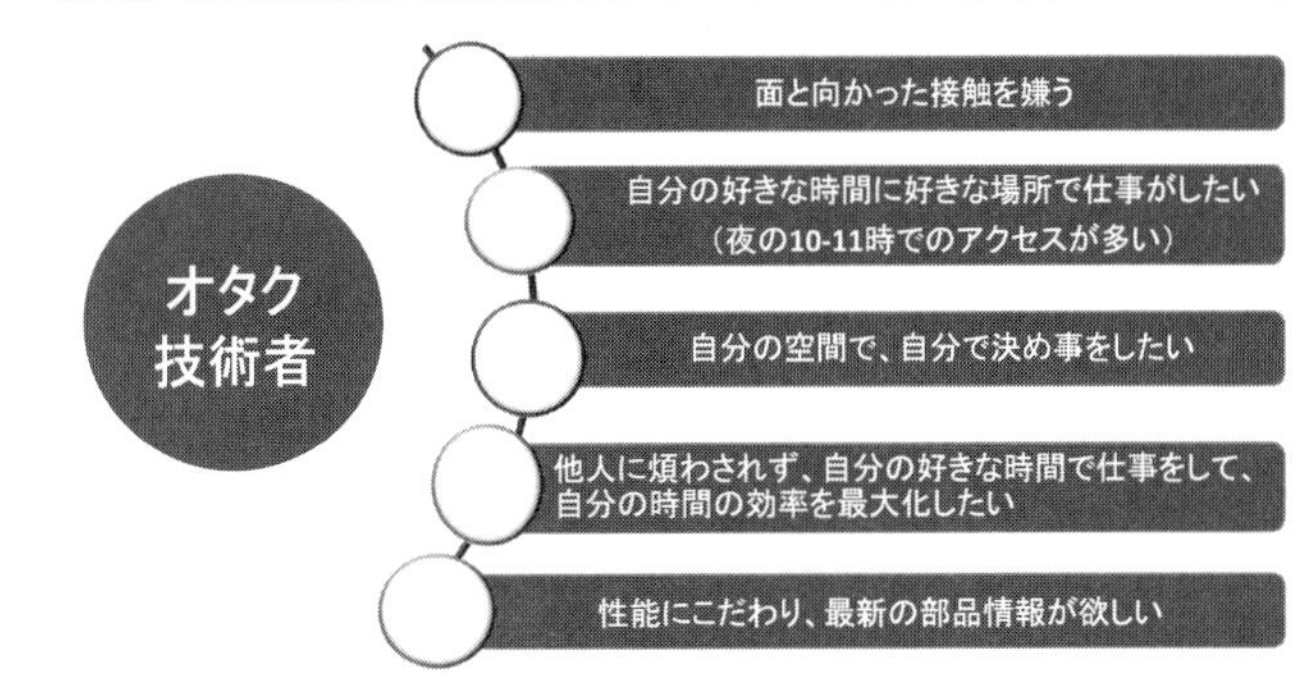

出典：筆者作成

るとも言える。彼らは自分が開発する新しい商品を一日も早く試作品をつくり、実験して、市場に出したい人達なのである。

彼らが選ぶ部品で、試作品が上手く稼働すると、その部品が採用されてしまうのである。後から、別の部品に取り替えて実験するには、すべての部品を回路に組み替えて、同じ時間の実験を重ねないと、許されないものなのだ。部品メーカーにとっては、これを「デザイン・イン」と呼び、最も重要な営業活動となる。ところが、得意先の技術者達が会ってもくれず、彼らが勝手にネットから選択した部品を採用されても、なすすべもないのである。

ただし、日本の場合には、これらのオタク技術者達がネットで買おうとしても、前述した口座がないと、注文できず、結局長い時間をかけて口座を持っている商社を探し、その会社を経由して、試作に必要な部品を調達しているのが、特に大手企業の現状である。

欧米では前述したように、アップル社や自動車電装会社のボッシュ社などの開発技術者達の多くは、部品メーカーの営業を介さないで、ネットから必要な部品を素早く調達している時代なのである。部品メーカーにとっては、彼らの存在は「手の届かない潜在顧客」なのである。

1 「手の届かない潜在顧客」への対応

電子部品を売り込む「部品メーカー」側にとっては、次の二つの大きな『手の届かない潜在顧客』達にどう売り込むかが課題となる。

① 大手顧客でも開発の技術者達が会ってくれない。部品を売り込むにもその機会すら与えられない。専任営業を配属していても、これでは役に立たない。

② デジタル時代には、新製品はベンチャー企業や、大学、研究所から生まれる機会が増える。ところが、部品メーカーにとっては、そういう潜在顧客からの要求に答えられ

るような、たくさんのマンパワーを配備していない。部品メーカーにとっては海のものとも、山のものとも未だ判らない、少量のサンプルを求めてくる潜在顧客達への対応に苦慮する。

ワンクリックで購入できるネット販売は、この領域をカバーする絶好の方法となる。現在、この「手の届かない潜在顧客」のうち、特に大手メーカーの会ってくれない、効率を求めるオタク技術者達に対しては、世界の部品メーカーの多くは、綺麗な美人のミニスカートの女性販売員を配置して、彼らを仕事部屋から引き出す作戦を取っている。特に、海外での部品メーカーの女性販売員の増加と、彼女達の積極的で魅力的な営業活動は注目に値する。

ネット販売を活用できれば、これらの「手の届かない潜在顧客」は容易に取り込むことができる。しかし、部品メーカーにとっても、ローコンテキスト文化であるネット販売などへの理解は充分でなく、得意先と「熱く語り合う」ハイコンテキスト・スタイルが本来の営業である、と信じて効率的にネット販売体制を整えている日本の部品メーカーはごく僅かしか存在しないのも、現実である。後述するＢtoＢのデジタル・マーケティング活動も、ハイコンテキスト文化に長く浸かってきた日本人にとっては、理解できない、肌に合わないモデルとなっている。

ガラパゴス経営者がまだ支配する日本

1 IMDの世界競争ランキング

スイスのローザンヌに、ヨーロッパで№1と言われるビジネス・スクール「IMD」がある。ネスレなどのスイス企業が、社内マネージメント教育の目的で運営されていた学校を1990年に統合して、IMD（International Institute for Management Development）としてMBA（経営学修士）コースを開設して、世界中から生徒を集め、積極的にマネージメント教育を始めた。ほとんどの生徒は企業の幹部職であり、世界の有名企業のCEO達はこの学校を卒業している。

筆者は2000年の春にこの学校のセミナーに参加してみた。確か「取締役の役割と責任」というような授業タイトルであった。10日間程の短いコースであったが、日本人としての参加は初めてだと聞いた。現在東電の会長をされている、元日立製作所の会長であった川村隆氏も当時の日立の副社長として参加していた。海外での駐在経験もないと思うが、英語で活発に質問をしていたのを覚えている。さすがに、日立をV字回復させ、東電再建を任されるだけの資質を当時から感じさせるジェントルマンであった。このような縁で、帰国後は度々、同窓会と称して日立の社内クラブでご馳走になった。

ＩＭＤは、毎年「世界経済フォーラム」と称する、世界の政治や経済のリーダー達をスイスに集めて議論する会を開催している。又、ＩＭＤは「世界競争ランキング」と言われる、国ごとの競争力のランキングを調査して、毎年発表をしているが、２０１７年の日本のランクは26位である。最近は、常にこの近辺のランキングに甘んじている。この中に、最近「Digital Competitiveness Ranking= デジタル競争力ランク」なるものまで発表するようになった。その国のデジタル時代における対応能力のランクである。日本は23位である。

どのようにランキングは算出されるかというと、各国の競争力を⑴経済のパーフォーマンス⑵政府の効率性⑶ビジネスの効率性⑷インフラの整い具合の四つの指標からデジタルに数値分析を行い、計算して総合点をつけるのである。

これは、どちらかと言えば、将来への成長可能性を測るランキングのようなものである。各国の経営幹部意見調査 = Executive Opinion Survey なるアンケートを集めて項目毎に5段階くらいの評価点を付けて、総合点を出す。筆者もこのアンケートの回答者のひとりであるが、正直に思うのは、点数の付け具合も、日本人なら謙遜的にその点数を付けてゆくのが性分であろう。よって全体的にアンケート回答者が日本人の経営幹部なら控えめの数値となり、低い数値に傾く可能性は必ずあるであろうと、日本の低いランキングをみて自分を慰めている。

これも文化的な違いで、筆者もＴＤＫ時代にヨーロッパ社長として、各国の支店の従業員の評価を行っていたが、ドイツ人のマネージャーが部下の評価を付けるのと、イタリアやフランスのラテンの国の上司への部下の評価は格段な違いがあった。一般的にＳ－Ａ－Ｂ－Ｃ－Ｄとランキングを付けさせると、ラテンの国は殆どがＳとＡであり、ドイツではＢとＣが多くとても辛い評点をつける。これは、ドイツ人の文化的な性分からである。必ず各国のマネージャーを呼んで、イタリアのマルコ君がＡならドイツのグンター君のＢ評価は少なくともマルコ君と同じでないと、バランスが取れないね、と調整を行う必要があった。

2　日本人経営者の国際性

ＩＭＤの評価項目のなかに、経営者の国際性という項目がある。日本の経営者の国際性のランクは常に50位以下であった。一番のネックは英語力である。グローバルビジネスでは英語は必須言語となっている。ヨーロッパの国々も、ＥＵ統合後はドイツ人もフランス人もマネージャークラスは、夏休みなどに、英国やアイルランドに出かけホームステイをして必死に英語をマスターしていた。会社の昇進の条件として英語は必須であったからだ。第二外国語としての英語は、決して上手ではないが、日本人が入っている会議などは、同国人同士でも、必ず皆下手な英語を駆使してコミュニケーションを取る事に努力をしてくれていた。日本人同士ならすぐ日本語になってしまうが、彼らは仲間同士でも下手な英語で話していた。日本人も見習うべしと、いつも日本人の部下達に自分を含めて反省を促していた。

日本の企業でも、社内会議はすべて英語と決めて頑張っている会社もあったが、ほとんどの会社は、しばらく試した後、また日本語に戻っていった。従業員の圧倒的多数が日本人である日本企業内で、「最初に言葉ありき」のローコンテキスト文化を踏襲するのには、やはり無理があり、「空気」をいっぱい読みながらのハイコンテキスト文化のコミュニケーションに戻っていったのである。

一般的にハイコンテキスト文化の日本企業では、空気の読める集団を周りに置く経営者が増える。部下達はもちろん日本人のみとなり、心地良い情報のみを渡すようになってゆく。外国人の経営幹部を入れても、「空気」を読んでくれないので、お互いに居心地が悪くなってゆく。その結果、グローバル市場で起きている事への理解に時間がかかり過ぎて、結局「裸の王様」になってゆくケースが多い。日本が一番と心情的にも理解して行動をしてしまう、いわゆる「ガラパゴス経営者」になってゆく機会が増えてゆく。このような「ガラパゴス経営者」達にネットビジネスのハイスピード経営の感覚はとうてい理解できないものとなってしまう。

3 日本の産業の封建制（士農工商）

日本の産業の二重構造、三重構造は先進国のなかでは、とても理解され難いものであろう。最近注目され始めた、同一労働同一賃金は、先進国では常識であり、日本の下請け構造の歪さがよけいに目立ち始めてきた。

日本の電機業界も、その長い文化のなかで創り出された、暗黙の序列が存在する。最終製品をつくる「セットメーカー」が一番上位を占め、その次に「部品メーカー」、代理店群はその下に位置付けられてしまう。筆者は欧米での経験から、「部品メーカー」に属していても、「セットメーカーとは対等にビジネスを行う欧米流に慣れてしまい、日本に帰任してからは、そのカルチャーショックを調整するのに時間がかかった。特に日本の自動車業界ではこの差が顕著である。

本書の主題は、代理店に属するネット販売であり、日本では一番下に位置する存在である。サプライヤーである「部品メーカー」も、得意先となる「セットメーカー」も、すべて上位に置かれている。「Time to Design の短縮」に貢献しようとその両方に、ネットビジネスの効用を熱弁しても、「たかが代理店が」となってしまって、伝統的な資材部門の壁を突き破るのは容易なことではない。

ただし、この伝統的な文化や商習慣を守り続けることは、益々競争力を弱めてゆくことに繋がる。経営者の皆様には、グローバル競争に勝ち抜くために、スピードアップの為のあらゆる施策に、関心を寄せて頂きたいとの思いで本書を書いている。「ガラパゴス経営者」などと揶揄され、50位以下のランクを付けられない為にも。

第3章のまとめ

本章では、日本の文化的ビジネス障壁について、比較文化論を引用しながら説明した。

特に日本の資材部門の特殊性については、グローバルにビジネスに接してきた筆者にとっては、一日も早く進化して欲しい部分であり、経験とアカデミックな文化論の両面から具体的に説明を試みた。

資材部門が重要視する「口座がある」の意味を考察すればする程、今の時代に合わないものであり、特に、変化の激しいデジタル時代には日本独自で特殊な「資材部門の古い利権」のような意味合いしかないように思え、著しく経済効率を下げているようにしか思えない。

早いスピードの変化が続くデジタル時代にベストフィットする資材活動とは、という課題に果敢に挑戦して欲しいものだ。２００年以上続いた徳川鎖国時代に産業革命が起きたが、日本はそのテクノロジーの変化に対応が遅れ、「黒船」が到来してやっと号砲がなり、文明開化に走った。隣国の中国では蛙飛びのスピードで異次元の進化を遂げ続けている。鎖国時代なら「ガラパゴス」と呼ばれても仕方のない事であろう。

今はインターネットの普及でテクノロジーの変化は誰でも知る事ができる時代である。“Time to Design to Market”の改善は、中国＝「赤船」からの脅威を感じるようになって初めて行われるのでは、遅すぎるのだ。

第4章

インターネット部品商社のビジネスモデル

従来の部品商社との違い：世界市場を支配する４社

電子部品をインターネットで販売する企業は世界で大手４社あり、**図４－１**のような売り上げ分布となっている。総売り上げで約６５００億円／年にもなっている。日本にもチップワンストップというネット販売商社が存在するが、販売は日本中心で販売金額も１００億円に満たない（２０１６年で68億円）。

これらの４社はすべて欧米企業であり、インターネットのデジタル時代の先端を走っている。日本の電子部品は半導体を除いて、世界市場のリーディングポジションを握ってはいるが、それを扱う電子部品商社と呼ばれる企業は誰一人ネットビジネスを考えて、グローバルに展開するなどの発想も浮かばなかった。やはりまだ第二次産業革命時代の感覚で、ガラパゴス化して日本から抜け出すようなビジネスモデルは創れなかった。

図４－２はこれら４社の販売の伸び率推移について、２０１１年を基準にグラフ化したものであるが、マウザー（Mouser）が圧倒的に高い伸び率を示している。

２０１７年も前年比+30％の伸び率を達成した。本書のテーマは「Time to Design」であるが、「Time to Design」に関わるこれら４社のビジネスモデルも違っている。**図４－３**

図4-1　電子部品のネット販売会社大手４社の販売額推移

Sales Trend for Catalogue Distributors (2011 - 2016)

	2011		2012		2013		2014		2015		2016	
	Revenue	% Change	Revenue	% Change	Revenue	% Change	Revenue	% Change	Revenue	% Change	Revenue	% Change
Mouser	582	16.9%	615	5.7%	701	13.9%	907	29.0%	936	3.20%	1,030	10.4%
Digikey	1,536	1.1%	1,417	-7.7%	1,556	9.8%	1,764	9.8%	1,693	-4%	1,840	8.9%
Element 14	1,574	4.8%	1,544	-1.9%	1,590	3.0%	1,445	-9.0%	1,399	-3.20%	1,370	-1.6%
RS	1,902	3.0%	2,028	6.7%	1,920	-5.4%	2,118	10.0%	1,890	-10.80%	1,660	-12.3%

All revenue figures expressed in US$ millions

2017 Top 25 Global Electronics Distributors: A Wrestling Match

出典 : EBN online.com

はネット販売各社がカバーするサプライチェーンの領域を説明するものだ。矢印(2)のDigikey、RS Comp, Element14の各社は、設計に使用するサンプルから量産に使う部品まで、全ての需要に対応するビジネスモデルである。なかでもRS Comp.とElement14は保守、修理用の部品需要にも対応している。また、RS Compは「モノタロウ」のような、工場現場用の商品も品揃えとして入っている。

矢印(1)のマウザーは、設計に使用する少量のサンプル販売に特化している。量産用の数量を受注すると、当然販売額は増える。しかし、価格競争の領域でのビジネスとなってしまい、利益率は下がる。

企業によって、Digikeyのように販売額を追求する全方位型を選択するか、RS CompやElement14といったすべての領域をカバーしながらもMROと呼ばれる保守や修理用に販売するか、マウザーのように試作サンプルに特化した領域のみを狙うか、選択は異なる。

図4-2　ネット販売会社４社の販売伸び率の推移グラフ～４ 社合計で年間約6500億円のビジネス

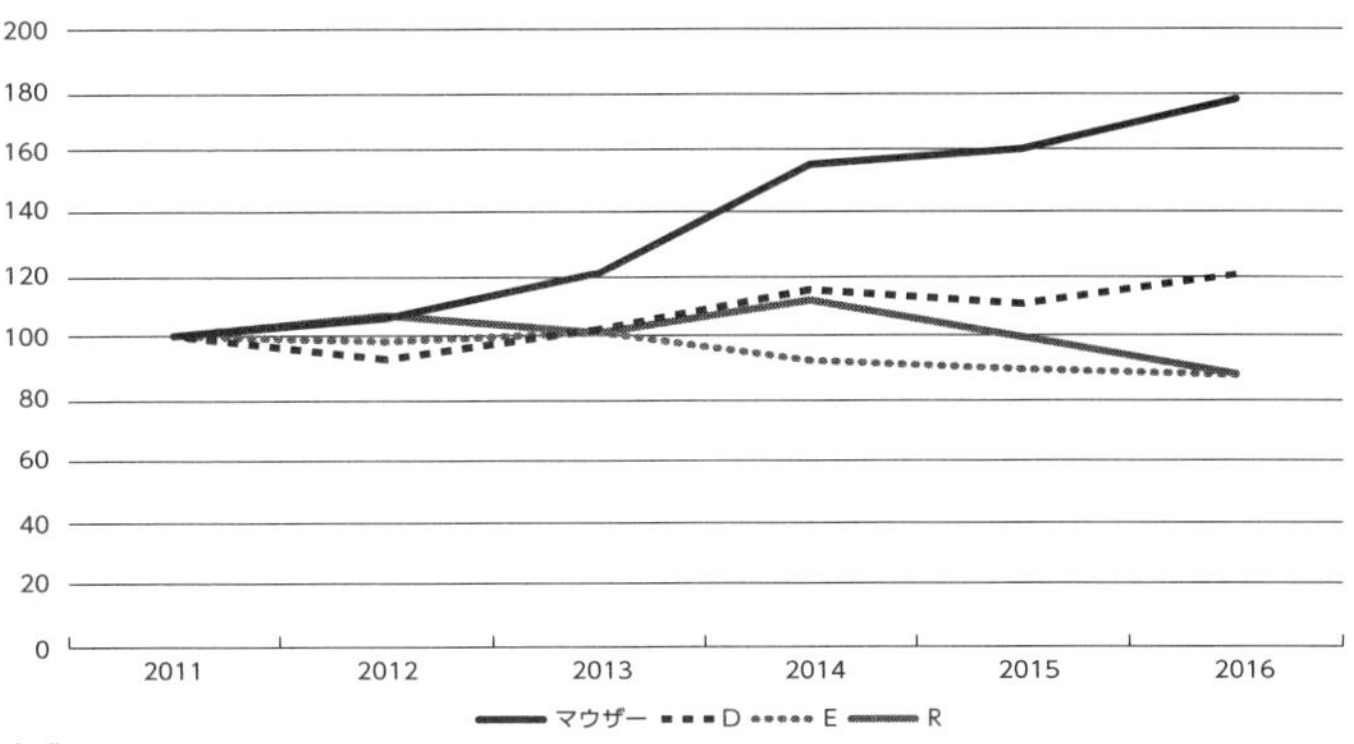

出典 : EBN online.com

図4-3　ネット販売各社がカバーするサプライチェーンの領域

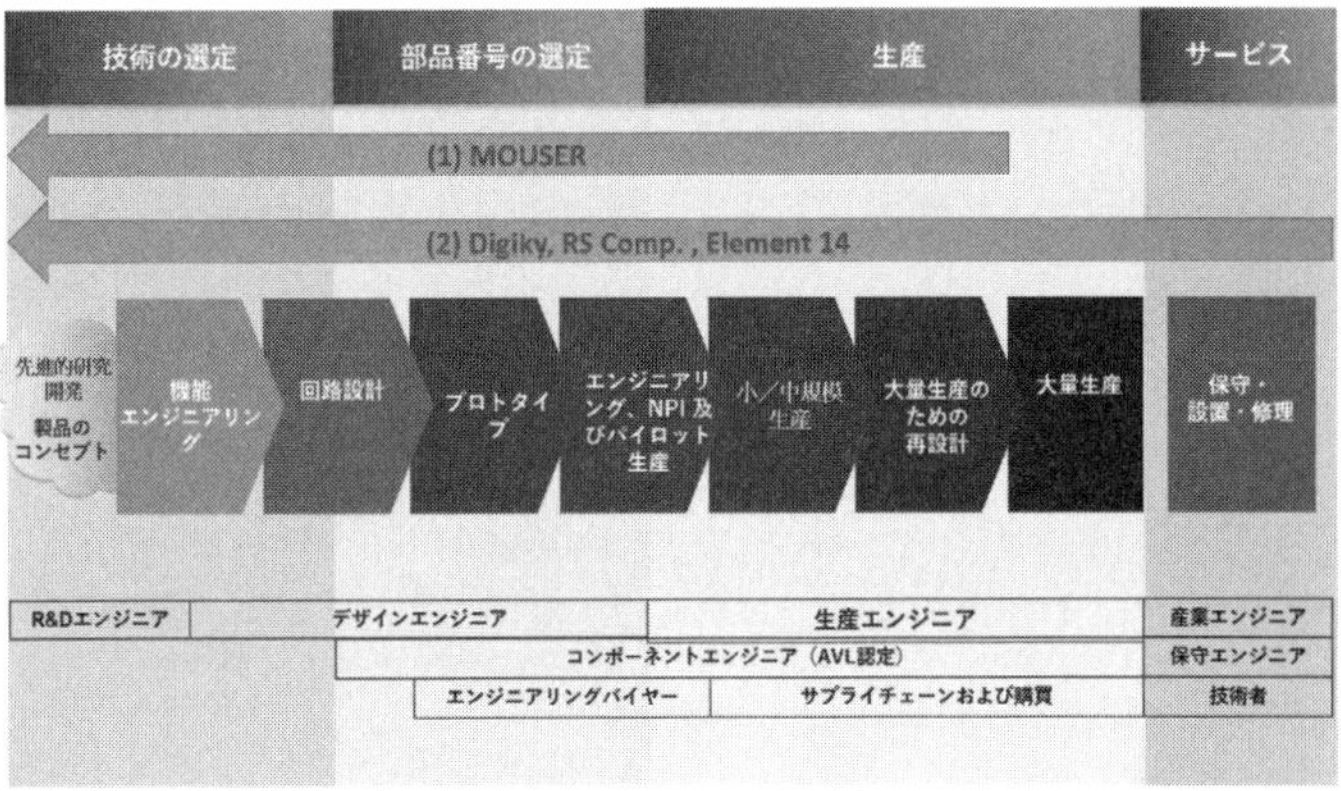

出典 : マウザー エレクトロニクス

図４－１で圧倒的に高い成長率を誇っているマウザーは、全方位型の他社の３社と比べて、試作に特化した領域で優位に立てる様々な策を取り、競争力を保っている。マウザーについては、第5章で詳しく述べる。

1 新製品情報はどこから入手するか

図４－４は、社団法人ブランド戦略研究所が２０１５年に調査した、ＢtoＢのビジネスで顧客が製品、サービスの購入時に最も参考にしている情報源をまとめたデータである。なんと51％が企業のインターネット上のサイトの情報であった。営業員や技術員にコンタクトするのは32％しかない。ＢtoＣなら理解できるが、ＢtoＢの世界でも既にインターネットが情報源となってきているのである。しかるに、電子部品の領域に入ると前述したように、資材部門の「口座減らし」のポリシーが効いて未だに不便を余儀なくされている技術者達がたくさんいるのである。

図4-4　BtoB の新しい情報はどこから入手しているか

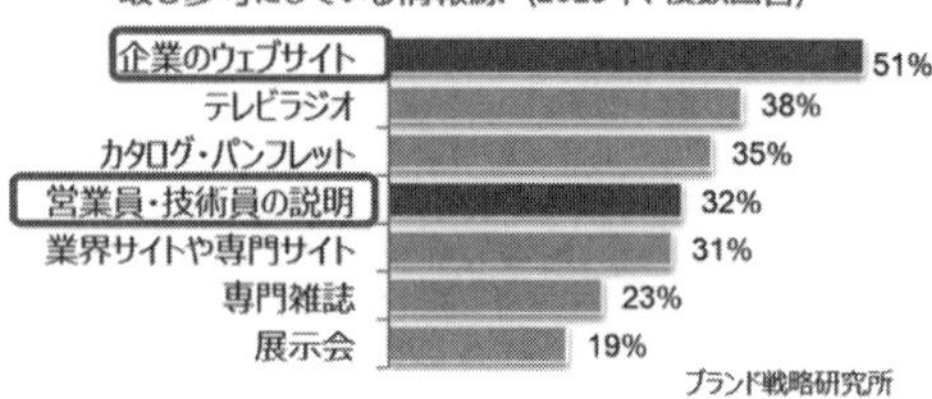

出典：ブランド戦略研究

図4-5　マウザーのサイトで部品を購入するまでのアクセス回数 1Q/2017 年

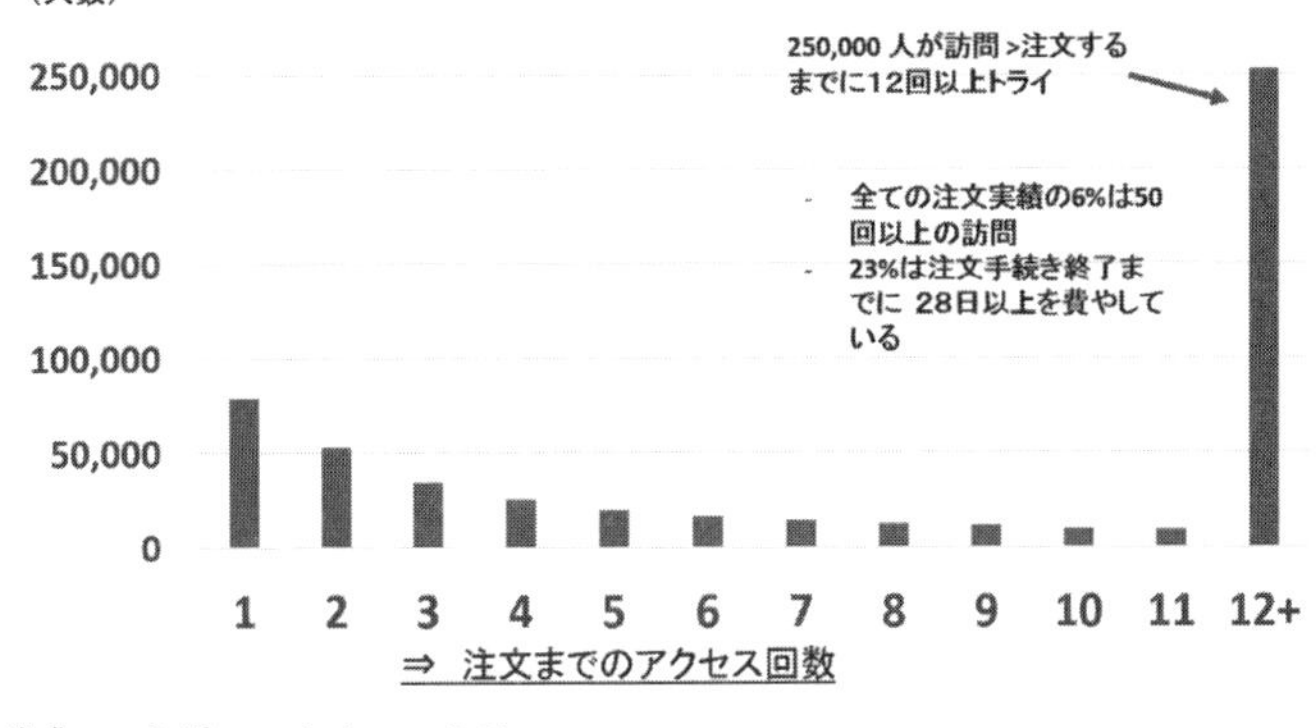

出典：マウザー エレクロニクス

もうひとつの重要なポイントは、インターネットでビジネスができるなら、営業員は要らなくなるのではないかという疑問だ。アメリカのフォレスター・リサーチの報告では２０２０年迄に、米国ではＢtoＢの営業職が１００万人分なくなると言っている。この件については、筆者も長年営業職としてビジネスをやってきたので、第６章で自論を述べたいと思う。

２　アマゾンが電子部品のネット販売会社になる時代？

図４－５は、２０１７年第一四半期に、マウザー社ウェブサイトに電子部品購入の為にアクセスしてきた回数のデータである。縦軸は人数、横軸は注文になるまでのアクセス回数である。

図4-6　マウザーのサイトで部品を購入するまでのアクセス回数 1Q/2017 年

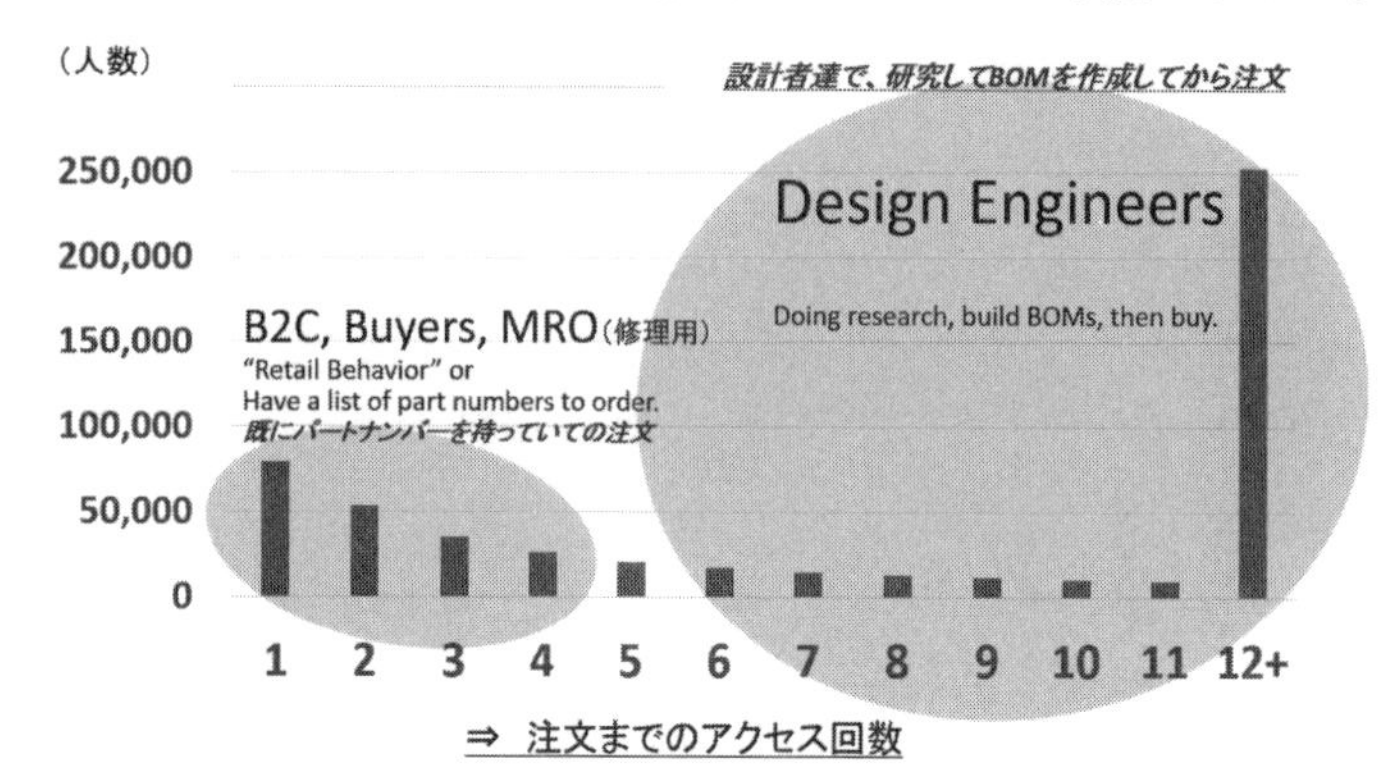

出典：マウザー エレクロニクス

このグラフが示しているのは、

(1) 25万人は注文確定するまでに、12回以上もマウザーサイトにアクセスしている。

(2) 23％の人達は注文確定までに、28日以上も費やしている。

(3) 50回以上アクセスして注文確定している人が6％いる。

更に分析をしてみると、図4-6に示すように、何回もアクセスして注文確定に至るのは、設計技術者達であって、彼らは何度も部品やら回路をチェックしながら何度もアクセスを繰り返し、納得のゆくレベルまで考察した上で発注しているのが読み取れる。

一方、2～3回のアクセスで注文するユー

図4-7　アマゾンと電子部品ネット専業販売業者の比較 マウザーを例に比較

出典：マウザー エレクロニクス

ザーは、修理用に部品を購入する場合や、技術者達がネットや部品の営業マンと折衝をした後で、部品リストを確定した後に、資材部門に品番を指定して購入依頼する。資材部門はそのリストに従って決まっている品番を、ネットを通して即購入する。

図４－７は、アマゾンで電子部品を購入する場合のアクセス回数を同じ様にトレースしたデータである。ほとんどの人が1～2回で注文を確定している。つまり、既に部品番号の判っている、修理用などに使う人達が、雑貨品を買うのと同じように注文を入れているのである。このような客層は、ここで議論する電子部品のネット販売会社の範疇とは違って所謂BtoCと同じような購入で目的が達せられる人達が対象である。

図4-8　アマゾンと電子部品ネット専業販売業者の比較 マウザーを例に比較

アマゾンでは満たせない電子部品の専門域をマウザーはカバー

アマゾンが満たせるのは三点のみ

	アマゾン	マウザー
魅力的なウエブサイト	+	+
注文のし易さ	+	+
パラメトリックデータと検索機能	−	+
物流機能の充実度	+	+
リールに入った部品を分解して、梱包する	−	+
製造日やロット番号のトレースが可能	−	+
各地域での技術や注文のサポート	−	+
ローカル言語への翻訳とローカル通貨の適用	−	+
BOMを作成したり、すり合わせたりする機能	−	+
認定会社のみリストアップ（偽物防止）	−	+
POS Reporting （Point of Sale)の報告	−	+
技術者の対応	−	+
新しい設計への注視	−	+
新製品のマーケティング	−	+

Mouser Proprietary ai

出典：マウザー エレクロニクス

図４－８で説明しているように、マウザーなどのネット販売会社とアマゾンの売り方は根本的に違うことがわかるであろう。アマゾンは電子部品に求められる様な品質、安全性、ロット管理、などの常識的な要求領域も満たすことはできない。

逆に、電子部品のネット販売会社は、アマゾンのような魅力的なウェブサイトをつくり、電子部品を紹介して、物流機能も同じような便利さで簡単に注文が出来るようなインフラをネット上で構築しているのである。図４－８の比較表では14項目あるうち3項目しか電子部品の専門ネット販売会社がカバーする領域を満たしていない。つまり、アマゾンは電子部品の本当のネット販売会社にはなれない、と筆者は結論づけたいと思う。

3

日本でネット販売商社をスタートさせた先駆者
―日本式モデルを開発したチップワンストップ：なぜ、グローバル展開が遅れているか―

２００１年に操業を開始したチップワンストップ社は、日本のエレクトロニクス業界では初めての本格的なネット販売商社であった。今にして彼らのビジネスを眺めながら、日本の購買形態の特殊性に挑戦した先駆者として敬意を表したい。本来のネットビジネスの良さ、強さを理解できない日本の顧客達に対して、ネット上だけでなく地上部隊（営業）も備えて挑んでいったサムライ軍団でもあったろうと思う。日本の特殊性に合わせながら、辛抱強くビジネス拡大を行っていった。残念なのは、ビジネスモデルをグローバル化出来なかった事であろう。

筆者の想像ではあるが、日本の特殊性に合わせる事に精一杯経営の資源を費やし、グローバルモデルまで発展させる事ができなかったのであろう。創業者の高乗正行社長の著書を読むと、グローバル展開への闘志を読み取ることはできるので、他社に比べてスピードが遅れてしまった、とでも表現するのが適切のように思う。「日本の特殊性に一社一社合わせて行きます」がお客様へのメッセージであった。アナログ時代の覇者であった得意先の都合に合わせながら、時間をかけて非生産的な方法まで、余儀なく取らされたのであろう。

チップワンストップが創業した時代にはまだ日本の電機メーカーも、半導体もそこそこ強い時代であった。そんな時代背景から、第二章で述べた業界の最下位に位置されている代理店の一社としては、得意先への改革の提案などは受け入れてもらえないものであったろうと、当時の苦労が伝わってくる。

チップワンストップも操業10年後の2011年にアメリカの大手代理店アロー社の傘下に入る事になった。アローはチップワンストップのモデルを逆にグローバルに展開させる目的と察するが、日本的に合わせたモデルをグローバルに適用するには、これも時間のかかる事であろう。未だにグローバル市場での活発な活躍は見られない。いずれにしても、このネット通販の世界はすべて欧米会社のものとなってしまったのである。

4 米国発のグローバルネットビジネスモデルを紹介したディジキー

グローバルに電子部品のネット販売を展開したのは、ディジキー（Digi-Key）社が世界で最初と業界からは認知されている。アメリカの片田舎、ミネソタで世界を相手にビジネスを展開したのはあっぱれとでも言える大胆な試みであった。

日本市場ではパナソニックの元社員である橋本氏が精力的に日本の電子部品メーカーを訪問し、熱くそのメリットを語り続けたことで業界では認知される事になった。筆者も、ＴＤＫ時代に橋本氏を通じて多くのディジキーの幹部と会っている。

ディジキーの日本での活動は「空中戦」とでも呼ぼうか、メディアを通しての活動が主で、チップワンストップの様に「地上部隊」である営業機能は持ち合わせていない。橋本氏は既にリタイアされており、日本市場の閉鎖的環境と戦った経験を語って頂こうとインタビューを試みたが適わなかったのは残念である。

「小口でも良い値段で買ってもらえる市場がある。それをビジネスモデルにしたのが、ディジキーです」と言われていたのを記憶している。日本での活動は２００２年頃からであった。

当時を振り返ると、チップワンストップ、ディジキーの両社も1個からでも購入できる利便性を強調していた。ただその利便性を享受するには、技術者達には日本の資材機能を通らねば買えないという大きなハードルがあり、欧米では当たり前の「Time to Design」の強みはまだまだの域であった。この両社が日本で活動し始めてから今日に至るまでの間に、日本のエレクトロニクス業界は大きく変わってしまった。グローバルでの競争に負けてしまったのである。そのひとつの原因が「Time to Design」の遅れであろう。新しい商品を創り出すには「新しい電子部品」が必要なのである。心臓と言われる半導体市場で、日本メーカーは世界の8％のシェアにまで落ちてしまい、最後の砦と言われた東芝も売却されるので、もう日本の姿は見られなくなっている。そんな環境のなかでも、日本の体制はまったく変わろうとしていない。

マウザー社はこのデザインに特化したサービスを日本市場に2015年から開始した。世界の電子部品の「トレトレの新製品」が満載されて紹介され、技術開発者達からは熱いコールを受けている。しかしながら、「口座がない」からと技術者達は代理店を一社でなく、2社くらい経由してやっと部品を手に入れている。

もちろん、それだけ時間をかけるので、マウザーの提供するスピードなど享受できない状態である。日本の新製品開発への経営の仕組みは、既にシステム疲労を起こしてしまっている。著者は、その事を経営に係わる皆さまに理解して欲しいが為に、この本を書いている。

第４章のまとめ

本章では、インターネット部品商社のビジネスモデルを紹介し、その活用方を具体的に説明した。日本は電子部品の宝庫と言われるほど、電子部品メーカーの競争力は世界的に強い。もちろん半導体を除いてであるが。

ところが、この業界を制しているのは欧米会社の４社である。ＢtoＢのビジネスで参考にする情報源は、ウェブサイトからが50％を越えているが、彼らは雑貨品でない専門性の高い電子部品をインターネットで販売できるモデルを見事に構築している。サイトの利便性はアマゾンで買い物をするのと同じであるが、専門性の高い電子回路の設計者が、同じようにネット上で電子部品、しかも最新部品までも購入できるようになっている。技術的な情報を判りやすく説明し、品質や安全性までも兼ね備えているモデルがネット上で構築されている。アマゾンも一部電子部品販売を行っているが、その違いについてもこの章で具体的に説明した。

日本のネット販売商社としてチップワンストップ社が２００１年に操業を開始したが、積極的にグローバル展開をできるまでに至っていない。筆者の考える理由は、日本の資材部門の特殊性に合わせる為に時間を取られた事が原因と理解している。これも日本のビジネスが「ガラパゴス」と揶揄される一因と思う。

第5章

時間と利便性を売る会社：マウザー・エレクトロニクス

学校の先生が始めた個人商店が、ウォーレンバッフェト氏率いるバークシャー・ハザウェイ社のグループ会社に成長

１９６４年、カリフォルニア州エルカホンにある高校の物理教師ジェリー・マウザー（Jerry Mouser）が小さな高校で開講したエレクトロニクスの教育プログラムがマウザー社の始まりである。当時、授業で使う部品が非常に手に入りにくく、必要な部品を見つけても、最低発注数量の条件を解消するために、必要以上の数を買わねばならなかった。又、実際に納入されるのに、随分と時間を要した。１個からでも手軽に部品が買える環境をつくろうとマウザーが始めたのが、マウザー・エレクトロニクス（Mouser Electronics）である。当初、Western Componentsという社名でスタートしたこのベンチャー企業は、電子部品事業を基盤として成長し、やがて１９７３年にマウザー・エレクトロニクスに社名を変えた。同年、現ＣＥＯのグレン・スミス（Glenn Smith）が入社し、同社で働き始めた。

10年後の１９８３年、マウザーは、本社と倉庫・配送センターをテキサス州マンスフィールドに移転する。このことでマウザーは、ダラス・フォートワースの大都市圏で成長を遂げていたハイテク産業の中心地に拠点を移すこととなる。ダラス・フォートワース国際空港か

らわずか30分という好立地により、北米各地への配送、さらには世界各地へのサービスが可能となり、物流上の大きな利点を獲得することとなった。

2000年1月、マウザーの成功が受動部品、コネクター、メカトロ、ディスクリート部品の販売に特化した世界的な電子部品販売商社であるTTI社の目に留まる。マウザーはTTI傘下の会社となり、両社は、エレクトロニクス業界における設計者や資材担当者にとって理想的とも言える、早くて便利な製品提供を開始した。マウザーの新規設計・開発に注力したビジネスモデルと、TTIの量産販売における高い知識・実績を合わせることで、両社は設計から量産までのサプライチェーンを包括的に提供出来るようになった。

　このマウザーとTTIの協業の成功に注目したのが、バークシャー・ハサウェイ（Berkshire Hathaway）社で会長を務めるウォーレン・バフェット氏（Warren Buffett）だった。2007年3月、

図5-1　バークシャー・ハサウェイとマウザーの関係

出典：マウザー エレクトロニクス

バークシャー・ハサウェイ社による買収が合意に達すると、ＴＴＩとマウザーはその傘下に入る事となる。世界でも注目を集める企業の一社の傘下に入ることで、両社は知名度も上がり、強い財務基盤をベースに顧客やサプライヤーからもより強い信頼を得る事になった。マウザーは今日、世界的に成長を続けながら、新製品をどこよりも幅広く取り揃え顧客に提供し、設計者達が革新的なデザインをより早く、円滑に市場へ投入できるように、インターネットを駆使しながらその革新的なビジネスモデルをグローバルに提供している。

ちなみに、**図５－１**はバークシャー・ハサウェイ（Berkshire Hathaway）社のプロフィールである。世界的に有名な投資家ウォーレン・バフェット氏が設立した会社で、マイクロソフトのビル・ゲイツ氏やインテルのスーザン・デッカー氏が取締役に名を連ねている。

競合との差別化

1　ダラス・フォートワース国際空港（ＤＦＷ）へ30分の好位置に本社、倉庫を構える

旅客数が世界で第9位のダラス フォートワース国際空港（ＤＦＷ）は、近辺に拠点を持つアメリカン航空のハブ空港でもある。その他25社以上の航空会社がＤＦＷと全米、メキシコ、

写真5-1　マウザー本社

The Newest Products for Your Newest Designs®

Mouser 本社

= ワールドクラスのグローバルなロジスティクス施設は、かつてない広大な規模 =

従業員：1800名以上

敷地：58エーカー（234,000m²）
東京ドームの5倍

建物：750,000平方フィート（70,000m²）
東京ドームの1.5倍

オフィス：140,000平方フィート（13,000m²）
倉庫：610,000平方フィート（57,000m²）

注文はすべて同日出荷：
同日出荷注文受付締切り：午後8時

最終顧客への配送：
米国　：　翌日
日本、アジア：2 ～ 4日
その他　：2日

Mouser Proprietary and Confidential

出典：マウザー エレクトロニクス

カナダ、中米、カリブ海諸国、南米、ヨーロッパ、中東、アジアの２００以上の都市を結んでいる。ＤＦＷ空港には滑走路が７本と、全部で１６５ゲートを備えた旅客ターミナルが５棟あり、貨物輸送でもフェデラルエクスプレスやＵＰＳなどが世界に向けて発送している。

マウザーはこのダラス・フォートワース国際空港から30分くらいに位置するマンスフィールド（Mansfield）が本拠地だ（**写真５－１**）。東京ドームの５倍の敷地に、同じく１・５倍の広さの建屋を持ち、ここを唯一のグローバル倉庫拠点として世界に向けて電子部品を１個からでも発送している。

顧客からの注文はすべて同日出荷となっており、（同日集荷の注文は午後８時に締め切り）米国内であれば翌日には必ず到着する仕組みとなっている。すべて航空便で運ぶので、日本へも2～4日で到着する。このマンスフィールドがマウザーの本拠地であり、ここにすべての本部機能を置いている。

2 最新鋭の倉庫管理
―マウザーは今すぐ必要な部品を、正確かつ迅速に顧客に届ける事を目指す

最新鋭の倉庫は、365日24時間出荷処理のできる最新の設備を配備し、スピーディーな品揃えと正確な出荷の実現を狙う。完璧を目指した無線での倉庫管理システムは、製品のピッキングと出荷処理を正確に実施できるよう効率化され、信頼性評価では99％を上回る5シグマを達成している。

通常、出荷処理は注文から15分で完了し、世界170カ国、約50万人のお客様に向けて、即日発送が可能だ。マウザーは「いつでも必要なときに正しい製品をお手元にお届けすること。これこそお客様の視点に立ったサービスの実践であると考えています。」とマウザーで上級副社長を務めるピート・ショップ氏は強調する。

ただし、「多品種少量」の組み合わせがビジネスなので、倉庫内は全自動とは行かず、リー

写真5-2　マウザーの倉庫自動化への投資

出典：マウザー エレクトロニクス

ルから細かく少量を切り取ったり、キッティングをしたりは手作業に頼らざるを得ない。**写真5－2**が示すように、自動化出来る部分は出来る限りの自動機を設備投資して効率を上げている

Column

テキサスから世界に

ピート・ショップ氏

前述したように、マウザーはテキサス州ダラス近郊の本社に、東京ドーム5個分の広さを持つ巨大な倉庫を有している。将来の拡張に備えて、土地も確保してあるという。しかし、マウザーは世界中にここ一ヵ所しか倉庫を持っていない。マウザーは、どうして倉庫をテキサス一ヵ所にだけ置いているのだろうか。そこでは、世界中のユーザーの発注に迅速に応えることができるのだろうか。人事・物流担当シニア・バイスプレジデントのピート・ショップ氏に聞いた。

彼は、倉庫が一ヵ所である理由は「マウザーはハイミックス・ローボリューム（多品種少量）が中心のビジネスであり、ハイミックスな在庫を各地に置くのは効率的ではない。それに、マウザーが取り扱う製品＝半導体や電子部品、評価ボードなど、は小さいので、一ヵ所で集中管理し、世界中に航空便で発送する方が、ユーザーの要求に効率的対応できる」からだと答えた。確かに、各地に同じ在庫を持つのは、システム運営の点からもコストが2倍も3倍にもなるだろう。

筆者は、実際に巨大な倉庫の中を案内してもらった。ユーザーの発注を受けて、（約80万以上の品番）在庫の中から対象商品を集荷するところは完全自動化まで至っていないが、その後のパッキングから伝票発行、出荷までのシステムは、完全に自動化されている。なんと「受注から15分以内に出荷できる体制を整えている」（ショップ氏）というから驚いた。このシステムのおかげで、日本からの注文も2日から4日でユーザーに届くのである。

3　グローバルなカスタマーサービス（顧客サポート）とマーケティング展開

マウザーは、電子部品の販売代理店の中で優れた顧客サービスだけに授与される米Omega Management Groupの「NorthFace ScoreBoard Award」を、2012年から連続して受賞している唯一の企業だ。戦略的に世界22カ所に拠点を構え（**図5－2参照**）、多言語（17言語）に対応し、各種通貨（27通貨）での取引が可能となるビジネスインフラを提供している。同時に、「最低注文の金額制限なし、即日出荷可能」という柔軟なサービスを実現している。

図5-2　マウザーのグローバル・ネットワーク

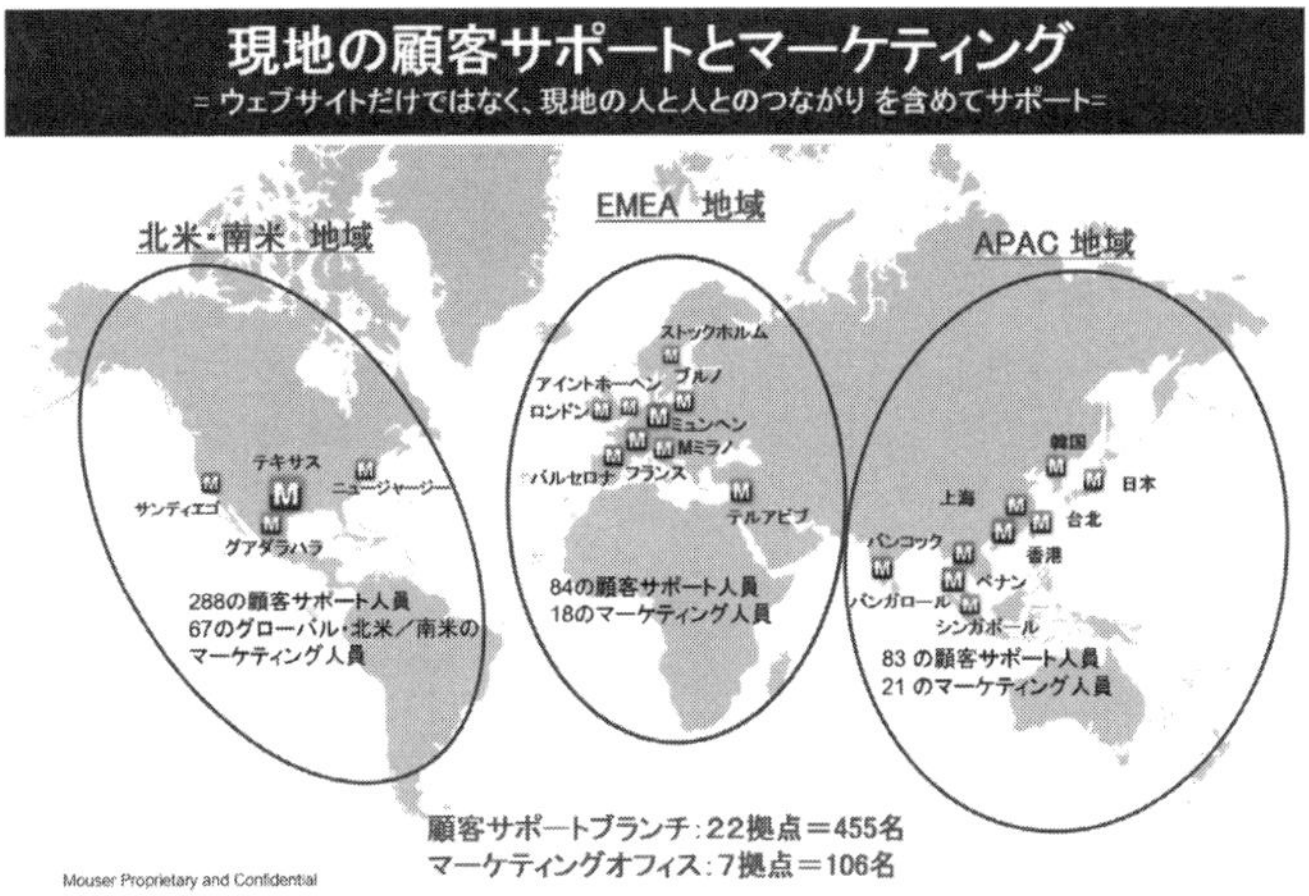

出典：マウザー エレクトロニクス

マウザーはグローバル社会の多様性を熟知しており、その国にあった商習慣にも対応すべく、ネットとリアルの世界を上手に戦略的に結び付ける策をとっている。マーケティング活動も多様性に対応出来るように、多言語でその地域に合った活動が行えるように、世界7拠点にマーケティング機能を置いている。

マウザーの各拠点には営業活動を行う「営業機能」は置いてないが、「ネットだけに頼りきれない人間のリアルな世界を求める人達」へのサポートをきめ細かに行っている。「マウザーの優れたカスタマーサービスのサポートに、国境はありません」と同社上級副社長のマーク・バーロノン氏は自信をもって述べている。

グローバル展開の仕掛け人

マウザーでグローバル展開を指揮するのは、アメリカを除くヨーロッパ、中東アフリカ、アジアの販売を統括しているシニア・バイスプレジデントのマーク・バーロノン氏である。彼は、本書でも取り上げた電子部品商社各社で長年にわたり、営業マーケティングに従事してきた。

マーク・バーロノン氏

マウザーは2007年頃までは、アメリカ中心の事業展開だったが、彼がグループ会社のTTIから移籍した2008年を境に、アメリカ以外の地域での事業が拡大している。バーロノン氏は、どのような視点からグローバル展開を拡大し、現在の成功を収めているかの要因について聞くと、それは彼が英国出身だったからだ、と言ってこう続けた。

「私は英国人なので、ヨーロッパの多様性の文化のなかでのビジネスを熟知していた。その国によってビジネスのやり方も違う。たとえば、Faxで注文する事を好む国や、電話で話さないと注文できないような国民性など、その国によって違いは様々だ」。筆者も、北米とヨーロッパで事業を展開した経験から、彼の言うことは正にその通りと思う。

Column

また、「カタログビジネスからネットのビジネスに移っても、文化や習慣の違う国でビジネスをスムーズに行うには、やはりローカル拠点を置き、それらの違いを人間として接する事によって解消できる。グローバルに顧客サポート拠点を増やしていったのも成功の原因のひとつだと思う」という指摘にも共感を覚えた。ちなみに、マウザーがグローバル展開を始めた頃、世界各地に存在するＴＴＩの事務所を借りてスタート出来たことも幸いだったという。

自身でも述べているように、マーク・バーロノン氏は英国人で、グローバルビジネスを展開する為の重要なポイントを熟知していたからこそ、成功したのだと思う。一般的なアメリカ人が指揮していたなら、このようにはならなかったのではないだろうか。ネットビジネスの限界と、ヒューマンタッチが必要なリアルビジネスの双方の重要性をしっかりと理解していたからこその成功だと、筆者は考えている。

マウザーのマーケティング戦略、インターネット活用法を聞く

ユーザーが、自分で簡単に部品表を作成できる自動BOM生成ツール「FORTE」をはじめ、マウザーのインターネットを活用したマーケティング戦略は、同業他社と比較しても、一歩、二歩前を進んでいる。

ケビン・ヘス氏

筆者は最初に、マーケティング担当シニア・バイスプレジデントのケビン・ヘス氏に、マウザーのマーケティング活動の重要な点を尋ねた。すると彼は、「私達は製品を売っているのではなくて、情報を売っているのだ」と語った。つまり、「マウザーのマーケティング活動で重要な事は、技術者達がネットを通じて新製品や最新のテクノロジー情報にアクセスでき、容易に理解できるようにすることだ」。だから、マウザーは「製品を売るのではなく、情報を売る」ためのマーケティング活動に注力していると語った。

では、その中核を担うインターネット戦略はどうなっているだろうか。インターネット担当シニア・バイスプレジデントを務めるヘイン・シュメイト氏に、今のマウザー

Column

ヘイン・シュメイト氏

のインターネット事業について聞いた。彼は、スミス社長が決断したネット電子商社への転換実現に尽力した人物である。彼は、マウザーで今何が起きているのかについて、「たとえば、マウザーにアクセスしている人達の様子を、リアルタイムのアクセス数を「大きさ」として、グーグル・マップのように地図上に表示できるようになった。しかも、地域毎に表示することもできる」と、インターネットの進化の目覚ましさを実務に取り入れている。

彼によれば、日本は売り上げの８割以上がウェブサイトから、顧客の９割以上がネット経由で注文しているという。また、マウザーは中国でもネットマネーを使っての注文サービスも始めており、「ユーザーがネット上から得られる情報を自身で上手に料理して、美味しく食べられる」メニューを提供しているのだと述べた。

ダフニー・ティエン氏

また、ＡＰＡＣ地区マーケティング担当バイス・プレジデントのダフニー・ティエン氏は、マウザーのグローバル・マーケティング活動を展開するなかで、アジア地区のマーケティングとの注意点をこう話している。「グローバル・マーケティングは、それぞれの地域の違いを理解した上で活動しないと

図5-3　マウザーの売上推移

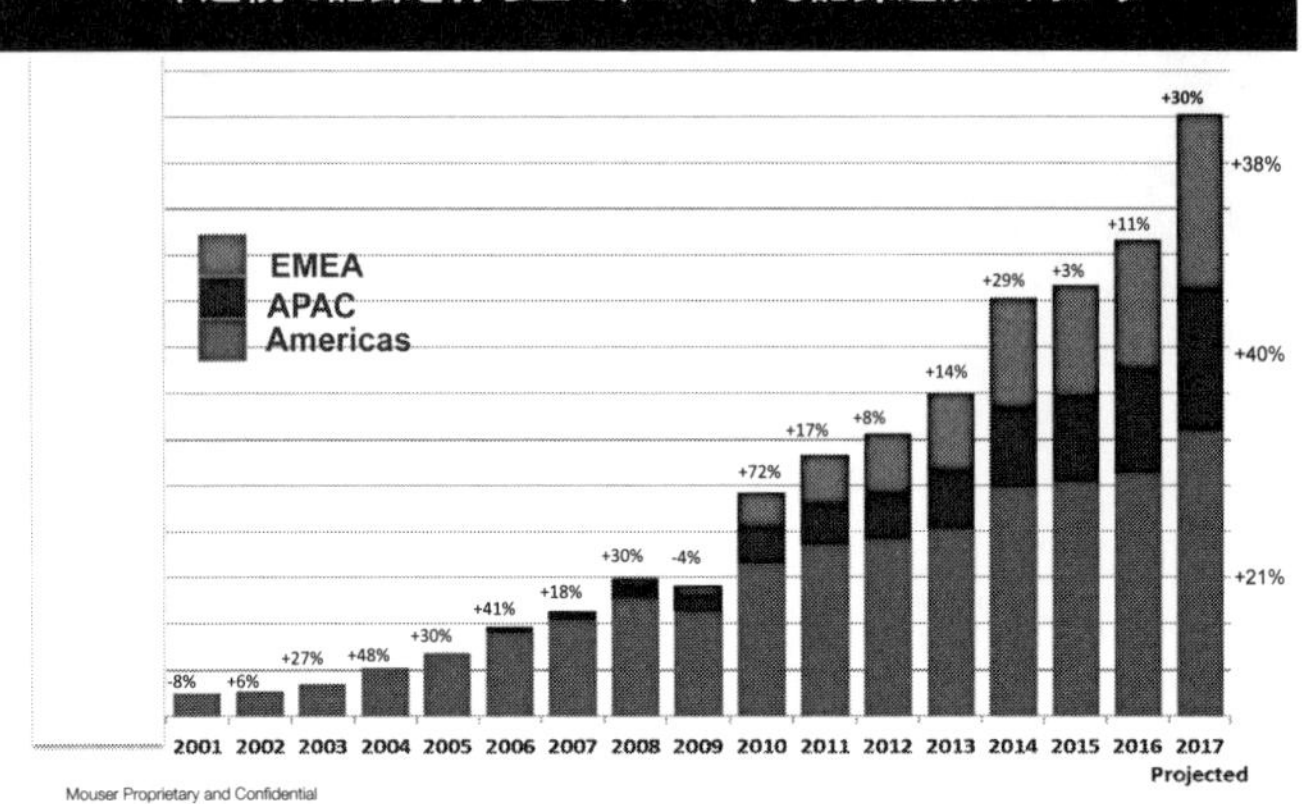

出典：マウザー エレクトロニクス

Column

失敗してしまう。私たちは、アジアで受け入れられやすいように言語や表現なども、各地域に合わせて実践している。また、フォーカスする重点市場も地域によって違いがある。グローバル戦略を基に、その地域の違いにベストフィットするマーケティング活動をしている」

4 年間売り上げ20％以上の平均伸び率を続ける成長企業

売り上げグラフ（図５－３）が示すように、２００７年にバークシャー・ハサウェイ社の傘下に入るまでは、米国内中心の販売であった。その後、グローバル展開を進めＡＰＡＣ

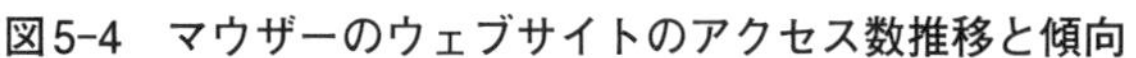

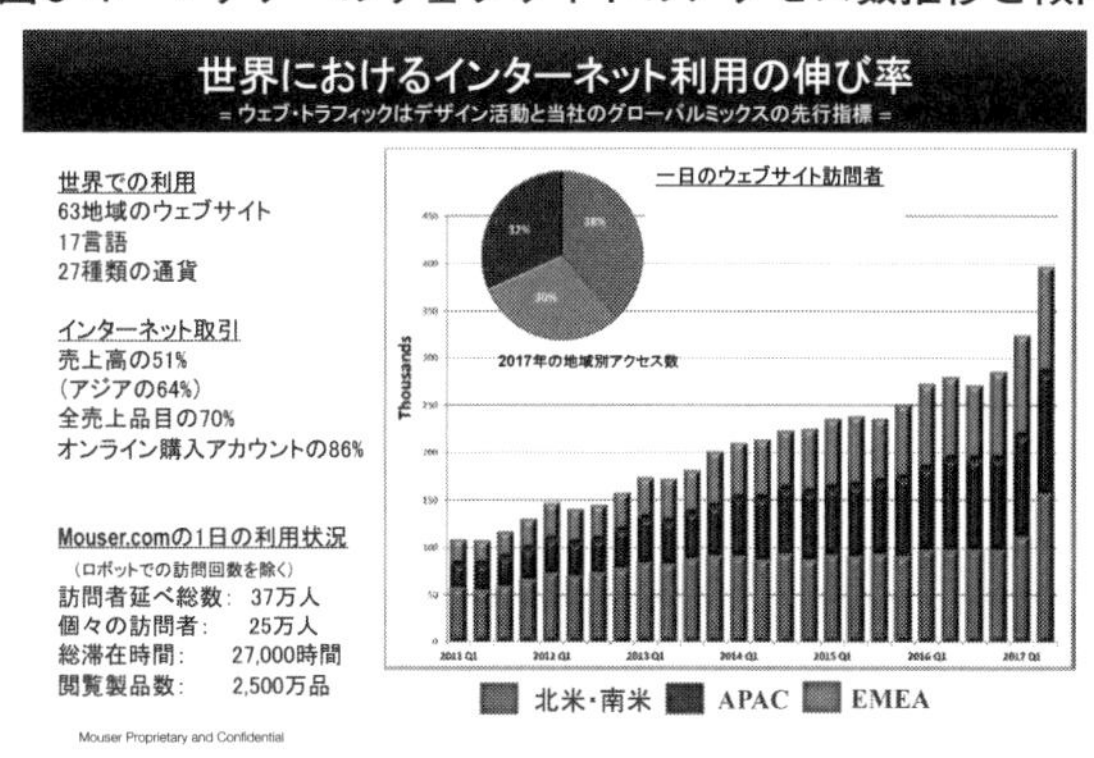

出典：マウザー エレクトロニクス

（アジア・太平洋地域）及びＥＭＥＡ（ヨーロッパ・他地域）への販売がリーマンショック後を除いて、連続して伸びて行った。この伸び率は、第４章で述べた同業他社に比べても（**図４－２**参照）顕著なものである。

２０１７年の売り上げも前年比+30%を達成し、１５００億円近く売り上げた。

5　マウザーの1日でのインターネットアクセス数

図５－４をみて頂きたい。実際の取引のうち、インターネットでの取引は売り上げの51%、製品別にみると全品目の70%、オンライン購入のアカウントをベースにすると86%となっている。その他は電話やＦＡＸなどでの注文である。

また、一日にアクセスしてくる延べ人数は37万人、個々の訪問者で数えると25万人、総滞在時間は2万7千時間、閲覧された製品の数は2500万点となっている。これらの数はコンピューターで自動的にアクセスしてくるBOT（ロボット）と呼ばれる数は除いてのカウントである。地域別のアクセス比率は、3地域がほぼ同じくらいとなっている。

6 マウザーの在庫戦略

第4章で述べたが、マウザーは他社と違って「設計・開発技術者」を対象に1個からでも部品を販売するモデルである。**図5－5**は代理店が取り扱う製品領域を詳しく説明しているが、トップランナー（Top Runners）と呼ばれるのは、製品のなかで一番数の多い品種の事だ。これらを中心に一般の代理店は量産に答えるべく、「少品種を大量」に在庫する。専門代理店と呼ばれる会社は、幅広い品種の在庫を抱えて得意先の需要に対応しているが、その量は一般代理店と比べると少ない。

ネット販売代理店は第4章で説明したように、幅広く品種を持って在庫する。専門代理店より量は少ないが、品種は幅広い。そのなかでもマウザーは設計、開発技術者にフォーカスして販売するモデルなので、より幅広い「多品種少量」在庫を持つ。テキサスの倉庫

図5-5　マウザーの在庫戦略

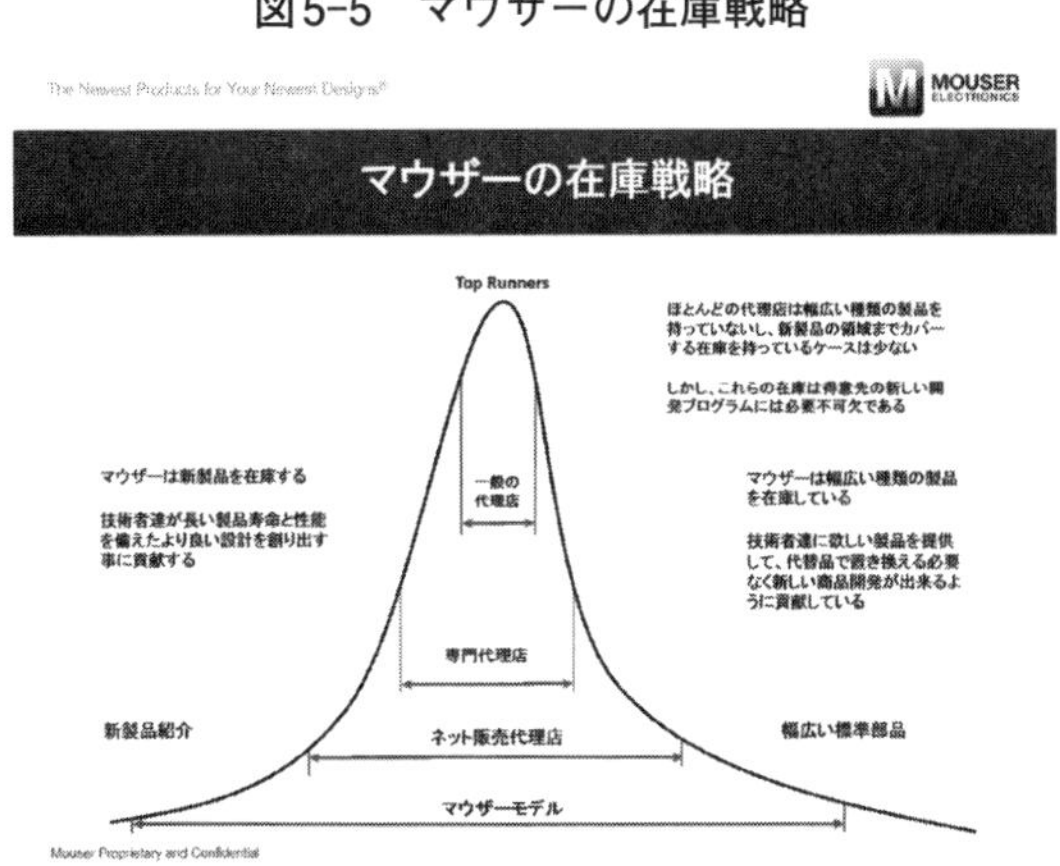

出典：マウザー エレクトロニクス

には80万点以上の業界最大の品名を幅広く在庫にしている。

たとえば、米半導体メーカーのテキサス・インスツルメンツ（ＴＩ）社は４万５０００品種以上の製品を販売しているが、日本の一般的な代理店はせいぜい５０００品種くらいしか扱っていない。これに対しマウザーはＴＩ社が持つほぼ全品種を提供する事ができる。マウザーは世界の部品メーカー６００社の正規代理店となっており、扱う製品の数も１０００万点以上になる。

マウザーが新製品の品揃えにこだわる理由

マウザーは、製品開発や設計に携わる技術者に、新製品紹介（New product Introduction: NPI）を紹介している。なぜこのような製品ラインアップに注力しているのだろうか。NPI戦略を統括する製品担当シニア・バイスプレジデントのジェフ・ニューエル Jeff Newell 氏に、その理由を聞いた。製品設

ジェフ・ニューエル氏

計者にとって、最新のテクノロジーやサプライヤーの新製品情報は喉から手が出るほど必要なものだ。一方、マウザーは世界中の600社以上のサプライヤーと取引しており、彼らの新製品情報を早くから知ることができる。だから「マウザーの強みは、NPIにフォーカスし、開発・設計技術者達に新製品とその技術情報を紹介する事ができる」とニューエル氏は答えた。

また、彼はNPIをより優れたものにするために、「部品メーカー各社と常に密接な関係を維持し、彼らの新製品開発動向を共有する」ために最善を尽くしているという。なぜなら、古い製品情報しか提供できなければマウザーの強みを揺るがすことになるか

らである。さらに、新技術を持っていながら、まだマウザーが提携していない部品メーカーに積極的にアプローチして、彼らの新製品をグローバル市場へ紹介する為に、彼らの正規代理店となるべく、交渉を行なっていると語った。
一方、部品メーカーにとっても、自社製品がマウザーの販売ネットワークで紹介されることはとても価値がある。たとえば、「マウザーは半導体メーカーと協力して、彼らの新製品発売に向けた予告版をウェブサイトに掲載する。発売日に向けて、新製品のサンプルや開発ボードなどを十分在庫し、発売日から即出荷できるような体制を整えている」（ニューエル氏）のだという。

Column

7 顧客サービスに重点を置いたＢＯＭ作成ツール

マウザーは、独自開発したＢＯＭ作成（員数表）ツール「ＦＯＲＴＥ」をユーザーに公開している（**図５－６**）。これはユーザーが、エクセルで作成したＢＯＭをマウザーのウェブサイトにアップロードすると、価格と納期がリアルタイムに表示され、必要部品の購入を便利にかつ、安全に早く行えるように工夫されており、とても評判が良い。

図5-6　BOM作成ツール「FORTE」

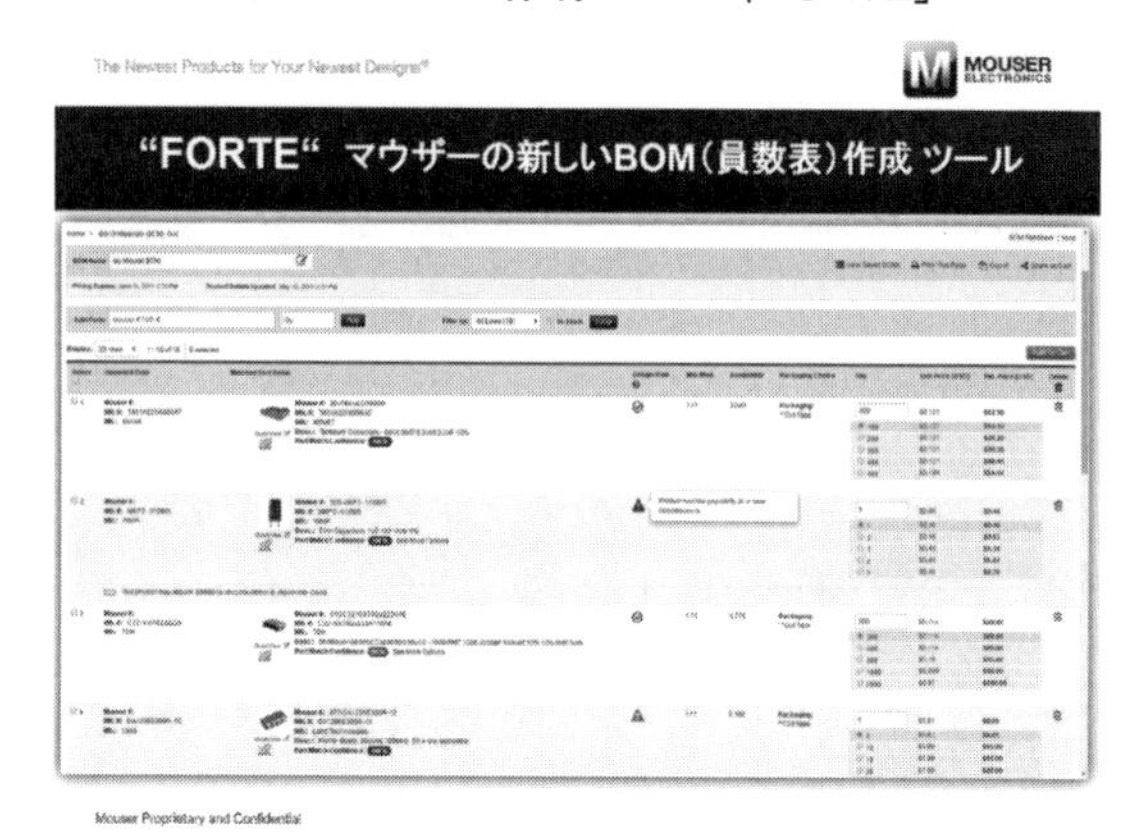

出典：マウザー エレクトロニクス

特に便利なのは、「設計のリスク」までを表示している事である。つまり、部品メーカーが終息する予定の部品などを明示しているのだ。設計者はそれらの部品は避けて安全な部品を選択できるようにしている。

8 徹底的にフォーカスされたマーケティング活動

マウザーの特徴は登録者が55万人以上もいることだ（**図5-7**）。この人達はそれぞれに職種、業界、地域などに分類されていて、彼らに対するマーケティング活動もターゲットを絞り込んで狙い撃ちができるようになっている。**図5-8**のようにアプリケーションも、自動車、音響、産業、照明、医療、などと分類されている。又テクノロジーも分類されてそれらの組み合わせで、的を絞って新製品紹介メールを送り込むことができる。部品メーカーにとっても、彼らの新製品への市場の反応を見る事ができ、デジタル・マーケティングをマウザーに委託したような効果が出る。

図5-7　マウザーには55万人もの情報登録者データがある

出典：マウザー エレクトロニクス

図5-8　ウェブサイトの製品検索はアプリケーションごとにわかりやすい

出典：マウザー エレクトロニクス

●当事者が語る「マウザーとは何か」

マウザーのビジネスモデルは競合他社と大きく異なり、優れた業績を上げ続けていることもわかった。しかし、彼らの本当の強さの秘密＝ビジネスモデルの本質は何なのか、財務資料や報道記事などを見るだけではわからない。筆者は、この疑問を直接経営陣にぶつけてみたくなり、２０１７年11月にテキサス州ダラス郊外にあるマウザー本社を訪れた。インタビューを通じて実感したのは、マウザーには優れた経営陣が揃っていることだ。まさに、企業は人なりである。

「ミスター・マウザー」語る

グレン・スミス氏

最初に会ったのは、社長兼ＣＥＯのグレン・スミス氏である。彼は１９７０年代にマウザーに倉庫の出荷係として入社以来、社長まで登りつめ、同社について何もかも知り尽くし

Column

ている「ミスター・マウザー」である。彼が、カタログ代理店だったマウザーを1995年にネット販売商社に転換させた人物でもある。彼に、当時の決断の理由を聞くと、インターネットが技術的に実用可能となり、「より多くの人達に、より多くの製品を紹介するには、ネット販売が有効だと思い、開始した」（スミス氏）という。1995年といえば、ウィンドウズ95の発売が熱狂を持って迎えられた年だが、マウザーは業界でも早い時期からネットビジネスに取り組み始め、彼の決断が今の成功を築いたともいえるだろう。

マウザーが他社と大きく異なる点の一つは、試作設計用に販売領域をフォーカスしていることだ。スミス氏によれば「マウザーはヘッジホッグ（モグラ）のようなもの」で、モグラは穴を掘る事は上手だが、他は得意ではない。しかし、一つの領域に集中する事で、競合との差別化もできるし、独自の強みを出す事もでき、「モグラが必至に穴を掘るように、ひとつの事に集中すれば、必ず良いものができる」と彼は言う。「メニューが豊富でも特に美味しいものがない店と、メニューは少なくても他にはない美味しいものが食べられる専門店なら、お客は専門店に行くものだ」と述べる、確かに、彼のたとえ話にも納得がいく。さらに、スミス氏は「私たちは、試作設計の専門領域に注力することで、この分野で現在40～45％くらいのシェアを握っている」と自信たっぷりに語った。

ちなみに、グループ会社のＴＴＩは、量産向け（ハイ・ボリューム）のビジネスモデルで成功を収めている。試作設計向けビジネスでユーザーをしっかり掴んでいるマウザーが、ハイ・ボリュームまで事業領域を広げても、成功できるのではないだろうか。たとえば、マウザーのウェブサイトは高度に洗練されたシステムであり、その分野でも簡単に対応できるのではないか。そう訊ねると彼は、「ハイボリューム・ビジネスはローカルに営業を置き、得意先と直接コミュニケーションが必要なビジネスだ。ネットでは充分ではなく、マウザーの現在の強みだけでは成功できる領域ではない」と答え、大量製品販売には見向きもせず、既存ビジネスに集中し続ける考えを示した。

毎年来日して、顧客やサプライヤーを訪問しているスミス氏に、日本の電子業界に対する思いを聞いた。彼は、「マウザーのビジネスのなかで、日本の部品はまだ10％しか占めていない。日本は電子部品がとても強いので、私たちは優秀な部品会社をもっと掘り起こしたい。それに、マウザーのシステム基盤を活用しながら、彼らのマーケティング活動をグローバルにサポートしてあげたい」と、日本企業に対する応援メッセージから始まった。

その一方で、日本企業にはマウザーをもっと活用してほしいと言う。「マウザーは世界の部品メーカー約６００社の正規代理店として、新しい部品を世界中から日本市場へ紹介している。日本企業には、マウザーから彼らの製品を、素早く活用して頂ける事を願っている。」、その為にも、彼は日本向けの機能を、もっと充実させると約束した。

Column

親会社はマウザーをどう見ているのか

マイク・モートン氏

バークシャー・ハサウェイのグループ企業であるＴＴＩが、マウザーを買収したのは２０００年である。筆者は、同社のマイク・モートン社長とマイケル・ナイト氏（シニア・バイス・プレジデント）に、マウザー買収の経緯と、両社の事業棲み分けについて聞いた。

モートン社長は、マウザー買収の経緯をこう語った。「１９９８年ごろ、技術者達がカタログ・ディストリビュータと呼ばれる会社が発行するカタログを見て、部品を選んでいる事がわかったので、TTIも"TTI Plus"という名でカタログを作成して活動を開始した。当時、技術者達はマウザーなどのカタログ専門のディストリビュータのカタログを好んで使っており、マウザーには注目していた」という。

2000年にマウザーを買収できたのは両社にとって素晴らしいことになった。というのも、マウザーはTTIの持つ財務保証と在庫投資も加わって、買収が彼らにとって一層の成長のきっかけとなった。TTIはマウザーという素晴らしい企業を手に入れたことはいうまでもない。

では、マウザーはTTI社の様に量産用のハイ・ボリュームも狙わないのだろうか。この点についてモートン社長は「マウザーのビジネスモデルは、ハイミックス・ローボリューム（多品種少量）を扱うもので、その扱いには高いコストがかかるため、高いマージン率で利益を出すビジネスモデルが必要だ。それは大量で少品種を扱うマージンの低いビジネスとは根本的に異なるので、マウザーは量産用のハイ・ボリュームのビジネスを行うことはないだろう」と語った。

では、将来TTIとマウザーが一緒になって、ネットビジネスとユーザーとの直接取引という、両方を扱う総合代理店を目指すことはないのだろうか。これについて、

Column

モートン社長は「マウザーの売上の半分以上は半導体の売り上げで、TTIは受動部品が主となっている。確かに2つを融合させると、ボリュームも少量から大量まで、販売もネット販売からリアルな実店舗販売まで、取扱品も半導体から受動部品まで総合的に扱えることになる。しかし、このビジネスモデルは既に多くの代理店がやっている、一般的な総合代理店の領域であり、市場もこれ以上の総合代理店は必要としていないのではないか」と語る。

つまり、マウザーもTTIも専門代理店であって、その方が差別化の面から合理的だと考えているのである。さらに、彼は「歴史的にみても専門代理店の方が一般的な総合代理店よりも早いスピードで成長して、成功を収めている」と述べた。

TTIは、子会社のマウザーとは上手にその専門領域の強み、弱みを使い分けてビジネスを行っており、お互いに専門域で他社に差別化できるコア・コンピタンスを創り上げ、競争に打ち勝っているのである。

マイケル・ナイト氏

TTIはマウザーと異なり、ネット部品商社ではない。シニア・バイスプレジデントのナイト氏に、ITの進化によってネット販売がリアルな販売の仕事を奪うのではないか、という永遠のテーマについて聞いた。すると、彼は「私はいくらＩＴが進化しても、我々の仕事がすべてＩＴに取って代わる事は絶対にないと確信している」と述べ、こう続けた。「私達がやっているリアル世界の販売は、量産を目的にしたボリュームビジネスである。これは、顧客も自身の事業予測に基づいて見込み発注するが、これはあくまでも見込みなので、正式な発注数は変わるのが当たり前でもある」

つまり、このグレイゾーンのような見込み発注を確かなレベルにまで持ってゆくのに、人間が介入しなければ、ＴＴＩの在庫投資はできないというのだ。確かに、マウザーは１か所で在庫を抱えるが、量産注文まで扱うとなると各地域に倉庫をもって、得意先の生産ラインをサポートする必要が出てくるだろう。それはマウザーのビジネスモデルとは根本的に違う。

また、ナイト氏は、あえて個人的意見だと言って、こう続けた。「私は50％以上のビジネスがＩＴに変わるとは思っていない。代理店のビジネスも、ざっくり言うとＴＴＩのようなリアルビジネスが90％でネット販売が10％くらいだろう。ミレニアム世代（２０００年代に成人を迎えた世代）がビジネスの舞台に立つようになれば、ネット比率は上がるだろうが、生産計画予測がネットによってより正確性を増すわけでもないだろうし、ネットビジネスで代替できる比率が50％を越える事はないと確信している」ＴＴＩは、単に製品を売っているのではなく、人間が五感で感じる情報を売っている。それが私達のリアルなビジネスなのだと、述べたのが印象に残った。
ナイト氏はアメリカ合衆国の独立宣言を起草したトーマス・ジェファーソンの子孫である。筆者は、彼のインテリジェンスにはいつも学ぶ所が多い。日本の会社にも勤めた経験があり、日本通でもある。「日本の市場はとても特殊で、アメリカのディストリビュータがビジネスを新たにできる環境にはない。投資しても見返りが小さい」と、ＴＴＩの日本進出には否定的である。

Column

勝田　治氏（本社副社長兼日本法人代表）

勝田　治氏

勝田　治氏は、２０１６年からマウザー本社副社長兼マウザージャパン代表として、日本のオペレーションを統括している。就任後1年半経過した勝田氏に、同社の国内事業展開において、何を重視しているか聞いた。

日本事業のミッションは二つあります。ひとつめは、セットメーカーと呼ばれる電子機器メーカーに対して「Time to Design」を最低でも1ヵ月程度短縮して新製品を素早く立ち上げるための支援を行うことです。ユーザーは、マウザーをご利用いただくことで、世界の大手半導体メーカー、電子部品メーカー各社の新製品を、素早く調達できます。

当社は1個から販売しており、ご注文いただいて2〜4日で日本にお届けします。また、デザインガイドや必要部品の員数表までウェブで紹介しているので、部品選択をはじめ、部品の性能差異を容易に調べることができます。また、自動車用途など、特定のアプリケーション向けに製品情報が明確に分類されています。ユーザーは時間を拘束されることもなく、自分の一番好きな時間帯に、好きな場所から調達できますし、部品メーカーの営業に会わなくても必要な情報をマウザーのウェブサイトで入手することができます。

ふたつめは、サプライヤーである半導体メーカー・電子部品メーカーに、次のような価値をご提供することです。マウザーは、55万人以上のコンタクトリストをもっているので、サプライヤーは、新製品情報をマウザーモデルによって、グローバルに狙った市場、狙ったアプリケーション、狙った地域に瞬時にご紹介することが出来ます。

Column

マウザーはサプライヤーに代わって、彼らの顧客に（潜在的な顧客も含め）サンプル出荷や新製品紹介を素早く行うことができます。これによって、「種蒔き」の代行や、サプライヤーには手の届かない潜在顧客を効率的にカバーすることができます。サプライヤーの営業にも会いたくない技術者達ともマウザーサイトを通じてコミュニケーションができるのです。さらに、少量のサンプル要求に対しても、マウザーモデルを活用することにより、彼らは時間と人手を大幅に省くことができます。当社はサンプル数量でも部品メーカーから有償で購入しております。

日本の電子部品は半導体を除いて、グローバル市場で圧倒的なシェアを握っているのですが、まだマウザーのグローバル販売のなかで、10％くらいしか占めておりません。強い日本の電子部品を、マウザーの卓越したグローバルネットワークに載せて、マーケティング活動を支援することを目指します。部品メーカーにとって、マウザーは信頼できるマーケティング委託会社として位置付けていただけるものと考えております。

中島　潔社長（株式会社マクニカ）

国内の半導体商社のトップグループに位置するマクニカは、2017年4月にマウザーと共同でネット販売サイトを立ち上げ、お互いのメリットを活かした協業を開始した。同社を率いる中島　潔社長に、日本の半導体商社の特徴や、同社の事業戦略について聞いた。

中島　潔氏

Q．国内半導体商社のなかで、マクニカが業界トップグループのポジションを確立した要因は何か。

第一に、当社が日本の市場や顧客を理解し、技術から言語の面まで細かなサポートを提供しているからと思います。たとえば、1980年代以降、シリコンバレーを中心に自社で製造ラインを持たないファブレス半導体メーカーが数多く誕生しました。彼らは、日本市場で独自に販売する力がなかったので、当社が代理店となり、技術サポートから言葉（英語から日本語）のサポートまで行いました。また、取引条件など

Column

の商習慣の違いも当社が間に入って支援してきました。

第二に、当社の営業スタッフの質が海外企業に比べて非常に高く、しかも良く働く点が挙げられます。この質と文化は外国企業には理解できないし、またやろうと思っても真似はできないでしょう。当社は、人材投資を最も重視し、質の良い営業や技術者を育てる事に努力してきたことが、今日に繋がっていると思います。

Q．日本でのネットビジネスが、海外に比較して遅れている理由は何だと考えるか。

アメリカなどでは、いわゆるカタログ・ディストリビュータと呼ばれる会社が主体となって、標準品を在庫し、販売する商習慣がありました。このビジネス・スタイルが、インターネットの進化と共にネットビジネスに移行しやすかった、と言えるでしょう。

一方、日本では口座取引、とりわけ手形決済という商習慣がネット購入の参入障壁の一つになっていると思います。また、お客様とサプライヤーそれぞれの取引条件が異なるため、当社の様な半導体商社が間に入って金融機能を果たしているのも実態です。

さらに、お客様と代理店との物理的な距離が近く、当社の営業がお客様と対面でのコミュニケーションがしやすいため、お客様も顔が見える営業から購入するほうが安心だという心理的要因も、大きいのではないでしょうか。

Q．マウザーと日本で協業する事になったが、お互いのメリットは何か。

マウザーは、開発・設計者にフォーカスして新製品を幅広く、1個からでも販売するビジネスモデルです。一方、マクニカは技術コンサルティングを中心に開発・設計技術者達をサポートし、量産に結びつけるビジネスモデルであり、お互いは競合しません。

当社は、マウザーの持つネット販売モデルを活用する事で、たくさんのサンプル引き合いにも短納期で対応する事ができ、それらが量産に結びつけば大口受注ができるわけです。マウザーも、800名以上のセールスエンジニアを有する当社の豊富な技術情報や日常の営業活動を通して、サンプル需要を実際の購買に繋げられるメリットを享受できます。

マウザーのデジタル・マーケティング機能と、マクニカの地上部隊による対面サポートの融合が機能すれば、まさにWin-Winの関係です。実際、ビジネスも予想通りに右肩上がりのカーブを描いており、今後の展開を期待しています。

第6章

ＩＴの進化と人間の意思決定

電子部品メーカーにとってのBtoBマーケティング活動とは

1　営業＝セールス＋マーケティング

筆者は長い欧米勤務の際、特にアメリカでは、セールスとマーケティングという部門が分かれて存在している事に驚いていた。”BtoB“のビジネスでは、マーケティング部門を分けて組織化している日本の企業は稀であり、「営業」という名の下に包含されていた。日本の組織で「営業」と表す言葉は、アメリカではセールスとマーケティングを合わせた名称だと、説明をしていたものだ。

以前、筆者を客員教授として同校に招聘した、明治大学のマーケティング学の専門家である大石芳裕教授の説によると、「マーケティング」と言う言葉が日本で認知されたのは、1955年に日本生産性本部からトップ・マネジメント視察団が米国に覇権され、団長の石坂泰三日経連会長・東芝会長が、帰国後の記者会見で「米国企業の強みは品質管理とマーケティングにある」と発言したことに始まると言う。品質管理については、デミング賞で一世を風靡したデミング博士を招き強化して、現在の「品質の日本」が創られた。マーケティングについては翌1956年、菱沼勇・JETRO副会長を団長とするマーケティング専門視察団が6週間、米国を調査し、翌年報告書を出したことが「導入時」とされてる。

日本のBtoBをベースにした企業の営業においては、未だに「マーケティング活動」についてはその意味とニーズをしっかりと捉えている人は少ない。「営業とは得意先に出かけて、誠意をもって熱く語り合いながらビジネスを獲得するもの。ネットを通じてITで営業が出来るはずがない」とネットを通じたデジタル・マーケティングの意味や活用の効果や、やり方は全くと言っていい程理解していないし、興味も持っていない。全く別のものと理解しているようだ。

多くのBtoBの日本企業において、経費節減で真っ先にカットするのは、3K（交通費、交際費、広告費）であるが、マーケティング費用はこの広告費のなかと理解されている。欧米ではあり得ない事だ。日本では組織図に載るマーケティング部門は、多くの会社ではデータ分析などの受け身型であって、仕掛けてビジネスを呼び込むような活動とは程遠い。広告宣伝くらいがせいぜい積極的に仕掛けるマーケティングの仕事と理解されている。

アメリカの心理学者でもあり、経営学者でもあったアブラハム・マーズローは1965年の著書で「セールスマン」について、次のように表現している。

「優秀な営業マンというものは、企業の目であり、耳である。彼は、企業の大使である。…彼こそがちょっと距離をおいた会社そのものだ。…どの企業も、消費者の需要とか、マーケットのニーズとか、製品に満足しているか、いないか等の安定したフィードバックが必要なのである。営業マンこそが、まさにこの情報を収集し、フィードバックする人なのである。彼はただ何かを売っている売り子だけではなく、革新と将来の商品開発を担当する副社長である。」（『マーズロー・オン・マネージメント』）

マーズローが言うセールスとは、日本でいう「熱い想いの営業マン」そのものであり、「御用聞き」と言われるようなセールスマンの姿ではない。アメリカではセールスマンと言うと逆に軽蔑されるような印象を与えてしまうが、そこでいうセールスマンはマーズローが意味している人ではなくて、日本で言われる「御用聞き」なのである。

日本の電子部品メーカーの営業部長と話していると、よくこの「熱い想いの営業マン」に出会う。マウザーなどのネット販売商社が彼らの意味する「営業」の仕事が出来るはずがないと信じて疑わない。筆者もその意味での「営業活動」は決してＩＴで置き換えられるものとは信じていない。マーズローが言っているように、「熱い想いの営業マン」こそが、本来の営業の仕事をする人達なのである。

ピーター・ドラッカーは企業の目的については、利益を追い求めるのが本来の目的ではなく、「Create the Customer 顧客の創造」であると唱えている。マーズローと全く同じだ。その前線にいるのが「営業」なのである。

その一方で、実際の電子部品の営業達の日常の活動はどうなっているだろうか。デジタル時代になって、引き合いは研究所、学校、ベンチャー企業など多岐に渡っている。しかし、実際の営業組織は大手企業をターゲットにした密着型で、デジタル時代になって増えたこれらの潜在顧客までカバーできる体制を取れている企業はまずいない。

筆者のＴＤＫ時代での経験からすると、電子部品会社の営業の使命とは「伸びるセットのリーディングカンパニーへ、新しい部品を共に開発し提供し続ける」ことであり、そうする事によって量と高収益が確保できる。伸びるセットでリーディングポジションを握るには、常に顧客と一緒に差別化できるような新製品を開発し続ける事である。スポンサー付きの開発に集中投資する事ができて、成功すれば、競合も少なく高収益が得られる持続可能なビジネスとなる。伸びるセットは、自ずと競争も激しく技術のイノベーションを繰り返す。部品メーカーにとっては新製品開発の宝庫となる。

これぞ真にドラッカーの言う、「顧客の創造」であろう。従って、伝統的に組織化された大手顧客志向型の営業に対しては異論を差しはさむ余地はない。

2 パーフェクト・マーケティング

デジタル時代では、新製品はベンチャー企業や、研究所、大学などから生まれる可能性が益々高くなる。アップルもガレージから出発したベンチャー企業である。でも、そのようなところからの引き合いに、サンプルまで供給できるマンパワーはほとんどの企業では備えていない。極端に言うと、大手とがっちりやっているから、どちらでも良い存在なのだ。しかし、彼らにとっては部品メーカーからのサンプルも必要なので、執拗に求めてくる。部品メーカーも企業イメージもあり、無下に断れない。結局は煩雑な作業にマンパワーを削がれその分、最も大事と位置付けている営業活動への時間が減る事になる。

筆者もＴＤＫ時代に営業のトップとして役員会で、「あなたは、大手の得意先には強いが、ベンチャーや大学、研究機関などへのフォローは弱すぎる、全くと言っていいくらい、されてない」と意地悪な役員に責められたものだ。その時も言い訳だが、「今はそんなマンパワーは持ち合わせていない。大手向けでも足りないのに、そんなまだ海のものとも、山のものとも判らない不確定な引き合いまで、取り組む事は出来ない。但し、もしそれが爆発的に大きなビジネスへとヒットしたなら、一年の期間を待ってもらえば、我が営業部隊はその間に追い上げて必ず奪い取って来るから」と言って逃げていた。

今では、これらのネット販売モデルを知っていたら、完璧にカバーできたであろうに、後輩たちに教えねばと義務感のようなものを感じている程である。マーケットを考えると、次の三点を必ず着実にカバーできなければ、B to B企業のマーケティング活動は完璧とならない。

(A) 世の中にヒットしている電子機器をつくるリーディングカンパニー
(B) ベンチャヤー、学校、研究所などの手のまわらない「潜在顧客」
(C) ロングテールと呼ばれる、産業機器分野などに代表される数は多くはでないが、価格競争も比較的に穏やかで、収益の源泉となる領域

(A)については、従来型の「熱い想いの営業マン」を浸透させれば済む。(B)と(C)については、文明の利器、ITをフル活用するのである。ネット販売商社などをフル活用する術を熟知したら、自分達のマーケティング委託会社として活動してもらえる。しかもその活動費は(A)よりも高価で注文を入れてもらえるネット販売商社からの注文で充分満たされる。お金をもらって、マーケティング活動を委託してくれるのである。この(A)(B)(C)の市場をカ

バーできれば、パーフェクト・マーケティングができあがる。このような事を理解出来ている電子部品会社も少ない。

デジタル・マーケティングはなぜ必要なのか

1　IoTの前にIoP

前述した(B)の市場、つまりベンチャー企業、学校、研究所などがトリガーとなって、将来、爆発的にヒットする商品を造ることになる「潜在顧客」へのマーケティング活動はどうすればよいのであろうか？　また、(C)のようにニッチの市場で、沢山の潜在顧客のいる市場への対応など、電子部品メーカーにとっていくら営業の数を増やしても、対応できるものではない。

また、第3章の**図3－6**で説明したように、A得意先群のなかにも部品メーカーの営業と会いたくない「オタク技術者」が沢山いる。この人達へは、伝統的な「熱い想いの営業マン」のコンタクトは用を足さない。第4章の**図4－4**で説明されているように、BtoBの世界でも、新しい製品などの情報入手の手段は営業からは32％しかなく、ウェブサイトが51％にもなっているのが、現実である。「オタク技術者」を含め、この領域は所謂ネットをフル活用した、デジタル・マーケティングの世界である。

第三次産業革命であるインターネットの活用こそ、この問題を解決してくれる有効なビジネス手段なのだ。電子部品業界も、インターネットをもっとフル活用する事をまず第一に考えないと、第四次産業革命である「インダストリー4.0」などの「ＩｏＴ」の世界は有効に活用できないであろう。「ＩｏＴ＝Internet of Things」よりも先ず、「ＩｏＰ＝Internet of People」を最大化する事が先決である。

日本の製造業の生産性は世界のトップレベルであるが、ホワイトカラーの生産性は先進国のなかでは最低の状態である。「人づくり改革」などは真に、この「ＩｏＰ」を最大化する事で、生産性は驚く程改善される。特に、日本のホワイトカラーと呼ばれる人達の仕事のなかには、ＩＴで代用される事が沢山ある。

ＩＴ利用が盛んなアメリカでも、営業職がまだＩＴによって１００万人も削減できるのである。ＩＴ利用がまだまだ行き届いていない日本では、その気になればもっと沢山の営業の仕事が不要となるであろう。

2 ネット販売商社にデジタル・マーケティング活動を委託

マウザーのモデルを知ってびっくりした。世界に60万人の顧客数をもっている。この顧客は分野、技術領域、地域、などの細かい分類が出来ている。利口な電子部品会社は（日本でなくて欧米に多いのであるが）このデータベースをフルに活用して、新しい製品が生まれるとマーケットテストを行い、自分達が狙い撃ちしたい分野、技術領域、地域などを指定して市場の反応を見ながら、製品戦略を立てている。

部品メーカーが持っているデータベースは、マウザーなどのネット販売商社のそれとは比べ物にならないくらい少ない。マーケットテストなどとてもやれる程のものではない。つまり、ネット販売商社をデジタル・マーケティングの委託会社として活用できるのである。ただし、ネット販売商社のなかでも、すべての会社がマウザーのように幅広くマーケティング活動ができるというものではない事も敢えて断っておく。

営業活動はＩＴで置き換えられるのか

１　「作業」と「仕事」の違い

ＴＤＫ時代に筆者は、当時の故佐藤相談役（ＴＤＫ五代目社長。権力の二重構造になるとして会長職に就かず相談役に退いた）に浅草の寿司屋さんに連れて行ってもらい、80歳近い寿司屋の職人から、「仕事」と「作業」の違いを教えてもらうことになった。とにかく、その職人の握る寿司はごはんの硬さ、温度が絶妙で本当に美味しかった。海外生活が長い筆者だったので、海外でも日本人の寿司職人が外国まで出てきて握ってくれるレストランも多々あり、彼らの寿司は最高に美味しいと思っていたが、この浅草のお爺さんが握る寿司は、まったく別次元の美味しさであった。

そこで、「寿司を一人前に握れるには何年くらい修行するのですか？」と聞いたら、「作業するなら一年で大丈夫。しかし仕事が出来るようになるには最低10年はかかる」と教えられた。「作業」とは寿司ネタを集めて、ただアッセンブルするだけ。「仕事」とは寿司道とまでは行かなくても、職人にしかできない、機械ではできない領域の寿司の事で10年の修行はかかるとの事。海外に出てきていた多くの寿司の職人はまだ「作業」の域の人達であったと理解した。

この話から相談役と、自分達の仕事のなかの「作業」と「仕事」の分類を話題にして、「私が進めていてやり遂げたいのは、営業のなかの作業にあたる部分です。営業という本来の仕事はやはり人がやるのです。」と熱弁していたのを思い出す。

当時の筆者はＴＤＫのグローバルに通じる営業システムを開発し、日本に導入している最中で、社内の大きな抵抗勢力と戦っていた時期であった。前述している営業活動のなかで、(B)と(C)は完全にＩＴでほぼ代用できる作業の部分が沢山含まれる。敢えて忙しい営業が時間をかける必要もなく、デジタル・マーケティングでカバーできると信じていた。

筆者は作業に当たる部分はＩＴに任せられるだけ極限まで任す。そして本来の「熱い想いの営業」は人間しかできないから人間様がやるもので、ＩＴでは絶対にできないと今でも信じている。

2　ノーベル経済学者フリードリッヒ・ハイエク

ウィーンのビジネス・スクールでＭＢＡコースを学んでいたときに、カリフォルニア大学のアカデミック・ディレクターだったロイベ博士が主任教授として、我々のクラスを一週間缶詰にして朝から晩まで彼の恩師である、ノーベル経済学者フリードリッヒ・ハイエクの理論を熱弁された。ロイベ博士もハイエクも同じオーストリア人であった関係で、ロイベ博士はハイエクの死に水まで取ったそうだ。一番弟子である事を誇りに思う博士は熱弁してくるが、さっぱり理解できなかった。しかし、最後の日になって、私なりに理解した一点がその後の私の人生観を変えてしまった。それは、「人間の意思決定（Decision making）は好きか嫌いかだ（like or dislike）」ということだ。

人間とは本来そのような性質をもった生き物なのだ。論理的な説明は色々とするが、実際は物事を決める時の要因は好きか嫌いがベースになる。その嗜好性も一定していなくて、時によって変わる。」として、「それは、奥さんの買い物に付き合うと良く判るでしょう。値段で買う場合もあれば、良い機能と値段を無視して形が良いから、と買ってしまう。」理由を聞くと「好きだから」と答える。「会社の人事もみてごらん、優秀な人が昇進するとは限らないでしょう。ペットのように上司にすり寄っていく輩でも昇進する。それは意思決定をする人が人間だから、好き嫌いの判断をする」。

自然界の事はすべて要素還元主義（Reductionism）で"全体は部分の総和である"。したがって、1＋1＝2であり、H_2+O=H_2O（水）に必ずなる。ところが、人間という生物は全包括主義的（Holism）で〝全体は部分の総和以上の何かである〟。このHolismの世界では言語では表現のできないコミュニケーションを認め、一度分割されると二度と同じものを復元できない、一つ一つがユニークな生物体である事を肯定する世界である。人間の意思決定プロセスも創造的進化を遂げるもので、その進化の過程で新しい性質を生み出し、それまでとは全く異なった存在へと、進化を続けてゆくものであるという。

これだけ進化する人間の意思決定パターンをコンピューターの中でプログラムして予測する事は出来ない。それが人間という生き物なのである。ＩＴがいくら進化しても人間しか解決の出来ない領域が人間界なのである。人間界では、１＋１が３になったり、４になったりもするし、逆に−1になったり、−2になったりもする。ビジネスの世界では、この領域を担当するのが、営業の「仕事」の部分である。

経済や売り上げの予測をする人がいるが、予測はできない。なぜならば、好き嫌いで判断を続ける消費者がどのような判断をしてゆくかは誰も予測できないからだ。たとえ当たったとしても、それはマグレで当たったようなもの。経済学も未来を予測する学問ではない。今まで起こった事を分析する学問なのだ。

統計予測学の教授は異を唱えていたが、筆者は目から鱗が落ちたような気持ちになっていた。なぜならば、営業の責任者として、いつも予算を作成して達成義務を負わされていたからである。予算必達の責任を負っていた筆者も心の中で叫んでいた。「そうなんだよ、いくら頑張って予算を立てても上手く行かない。上手く行ったとしても、たまたま予期しなかった案件が入り込み、幸運にも他でのマイナスを補ってくれたからなんだ。当たった時は誇らしげな顔をして、社長から絶賛の言葉を受ける。だが、当たらなかったら、ただただ静かに申し訳なさそうな顔をするのが現実だ」と。この話を聞いてからは、納得して予算作成をするようになった。では予算はどうすればよいのか。行き着いた結論は、アップとダウンのシナリオを描き、その場合の対策を前もって考えておく事であった。

つまり、〝備えあれば憂いなし〟と言う事だった。とにかく景気やビジネスの浮き沈みは予測出来ない。でも「良いであろうシナリオ」と「悪くなるかも知れないシナリオ」を想定して、その場合にどのような策を打つのかを前もって議論をしておく。そうする事によって、その場合に陥った時のアクションが即取れる。ほとんどの場合、人間のやる事は時間がかかるものだ。特に「予測してなかった悪いケース」は受け入れ難く、「そんな事はないだろう」の気持ちが先行して対策が遅れる。しかもその場合の対策は考えてもいない。その時になってからすべて新たに考え、議論を重ね、対策を打つのであって、時間のかかるものである。

筆者はリーマンショック後の対応に、当時得意先として付き合っていたある台湾の会社の社長のアクションの速さと、筆者の会社を含めて日本の業界の反応の鈍さに驚いたものだ。リーマンショックは２００８年の９月の第三週に始まった。台湾の社長は問題の事業を即手放して、キャッシュに変えて、11月の初めに会った時には「このリーマンショックは深刻だが、もう手は打って問題の事業は整理して現金に換えた。今の内に次の手を打ちたい。どこに投資するのが良いか教えてくれないか？」とわざわざ筆者に会いに東京まで来たのであった。その時期は、日本は有名メディアを含めて、企業の上期の決算発表が主であり、もちろん上期は各社の増収増益の発表のみを続けていた。いくら待ってもリーマンショックの警報を鳴らさない。

筆者は当時、営業担当の役員だったので、下期（当年10月から翌年の3月）の予算を役員会に出す責任を担っていた。営業担当なので、世界を回って大変さは肌で感じていたが、日本の業界はまだ感じてくれていない。つまり、第2章で述べた「ハイコンテキストの空気を読む文化」では「心地よい空気」に浸っている中に「冷たい、気分を壊す空気」を吹き込む役目なのである。

今でもはっきりと記憶に残っている。筆者は下期の予算を－20％で出した。役員会では大ブーイングが始まった。「やる気のない営業担当役員」、それが筆者であった。日本の「空気を読む文化」のなかでは、せめてメディアくらいは警鐘を鳴らして欲しかったが、メディアもガラパゴス化していた。みんな「穏やかな空気」を送り続けていたのに怒りすら感じたものだ。メディアが警鐘を鳴らし始めたのは、ほぼ2ヵ月後であった。結局、下期は−30％の結果となり私の出した予測よりも更に悪くなった。ほとんどの会社は赤字を余儀なくされた。しかし台湾の社長の会社は上手に乗り切っていた。対応の速さであり、筆者がMBAで教えられたロイベ博士の講義やハイエク理論を、身をもって体験させられる事となった。

話題を「熱い想いの営業マン」に戻したい。台湾の社長は「熱い想いの営業マン」そのものでもあった。彼はITではなく人間の触れ合いから五感で、リーマンブラザース崩壊の直後から次に起こるであろう事を感じ取っていた。彼は人間界を操るプロフェッショナルであった。長年、営業の仕事をやっていると、いくら頑張って良い条件を出しても、結局、相手は好きな会社を、好きな営業マンを選んでしまう結果にもたくさん遭遇した。台湾の社長とも、このロイベ博士、ハイエク理論に共鳴して　意気投合し、お互いに信頼し合う仲となっていた。筆者も営業の長として「尊敬されるより、愛される営業マン」になれ、と部下達に檄を飛ばしていた。赤提灯の下で愚痴を言い合って、共感し合っているのも、人間界では質の高いコミュニケーション方法なのだ。

台湾の社長もこの「熱い想いの営業マン」の仕事スタイルを長年続けて来た人間界をマネージするプロフェッショナルであった。

ＡＩがいくら進化してもこの「熱い想いの営業マン」の領域までカバーされる時代は来ないであろう。

図6-1　ノーベル経済学者、マイロン・ショールズ博士と浙江省の経済フォーラムで

3　ノーベル経済学者マイロン・ショールズ

筆者は、自身の書いた論文「多次元マトリックス経営システム」が認められて、２０１４年に浙江省が主催する、ノーベル経済学者、マイロン・ショールズ博士をメインスピーカーに迎えての経済フォーラムに招かれ、ショールズ博士と一緒に演壇に立って、自論の「多次元マトリックス経営」について熱弁した。皮肉な事に、このショールズ博士はウィーンのビジネス・スクールでのロイベ博士が最も嫌う経済学者の一人であった。

ショールズ博士は、ブラック－ショールズ方

程式（Black-Scholes equation）を創りだした事で有名になった。ブラック－ショールズ方程式は、1973年にフィッシャー・ブラックとマイロン・ショールズによりオプションの価格付け問題についての研究の一環として発表された。これらの理論は、現代金融工学の先がけとなったとも言われ1997年にノーベル経済学賞を受賞した。ロイベ博士は1999年の授業で、このような計算式で人間界の営みを予測する事はあり得ない。それが当たったとしたら、「偶然にたまたま当たった」事なのだとハイエク理論を担ぎ出して批判していたのを覚えている。

この点では、筆者は後にロイベ博士論の「勝利」を実感することとなった。ノーベル経済学者であるロバート・マートンとマイロン・ショールズに加え、債券の帝王と呼ばれた伝説的トレーダーのジョン・メリウェザーなど当時の金融界のスーパースター達が1993年に作ったヘッジファンドが破綻するのであった。ＬＴＣＭ(ロングターム・キャピタル・マネージメント）と言う伝説のヘッジファンドだ。メリウェザーは当時、ウォール街の名門投資銀行であるソロモンの利益の半分近くを稼いでいたと言われる債権アービトラージ・チームのヘッドであった。彼の配下の敏腕トレーダーもＬＴＣＭに加わっている。

マートンとショールズは金融工学でオプション理論を創り出した人達だ。彼らのオプション価格の計算方法は、全ての経済理論の中でも最も完成度が高く、また最も実用的なものであると言われており、数あるノーベル経済学賞の中でも一段と光り輝くものと言われていた。

このドリーム・チームは、その名声から、立ち上げで12億5千万ドルもの資金を集め、１９９６年春のピークまでに資産額はなんと１３００億ドル以上になっていた。この天才達に、投資のプロ中のプロである投資銀行もこぞって投資した。また、マッキンゼーの世界的な戦略コンサルティング・ファームのエグゼクティブや、世界的な大銀行のシティー・バンクの重役も個人的に投資をしていた。

ところがこのヘッジファンドは5年も立たない間にマーケットに翻弄されて、ほとんどスッテンテンになってしまった。天才達が最先端の金融理論を駆使して一生懸命にお金を運用した結果、5年もたたないうちに元本のほとんどがなくなってしまったのである。

その後、これに懲りずにサブプライムローンで見かけの価値を膨らませて、世界中の経済を破壊寸前までの影響を与えた、リーマンショックは２００８年に起きている。

筆者はこのような現実を目の辺りに見て、ＩＴの計算式だけで、ボロ儲けなんてできないものである事を悟った。また、この事は「人間界の好き嫌いの意思決定」までＩＴの計算式では測り知れない事の実証でもあった。このような経験からも「熱い想いの営業マン」

は基本的に人間界をマネージする最も重要な仕事をする、プロフェッショナルである事、重ねて確認する事に至った。

ショールズ博士と一緒に演壇に立つことは、名誉と言うよりも、敵を迎え撃つ戦士のような気持ちであり、ロイベ理論、ハイエク理論で喧嘩を売ってやろうと、息巻いていたが、実際に会ってみて、穏やかなショールズ博士の笑顔と、筆者のスピーチを褒め称えてくれる大きな拍手で戦闘意欲は何処かに消えてしまっていた。

4 営業はビジネスのエンジン

図６－２は企業のバリューチェーンを示している。すべてのバリューチェーンの入り口は「営業」職である。エブラハム・マーズローが強調している様に、市場からの要求をキャッチしてそれを社内のバリューチェーンに流すフロントの役目であり、その情報に依って新しい製品を開発しながらサステイナブルな成長を遂げる要となる。

筆者の勤めていたＴＤＫ株式会社も、ハイテク製品を製造する会社ではあるが、どちらかと言えば業界からは、「技術のＴＤＫ」と言われるよりも「営業のＴＤＫ」の評価を受ける方が強かった。三代目（素野社長）、四代目（大歳社長）は営業出身であり、お金の

図6-2　営業はビジネスのエンジン役

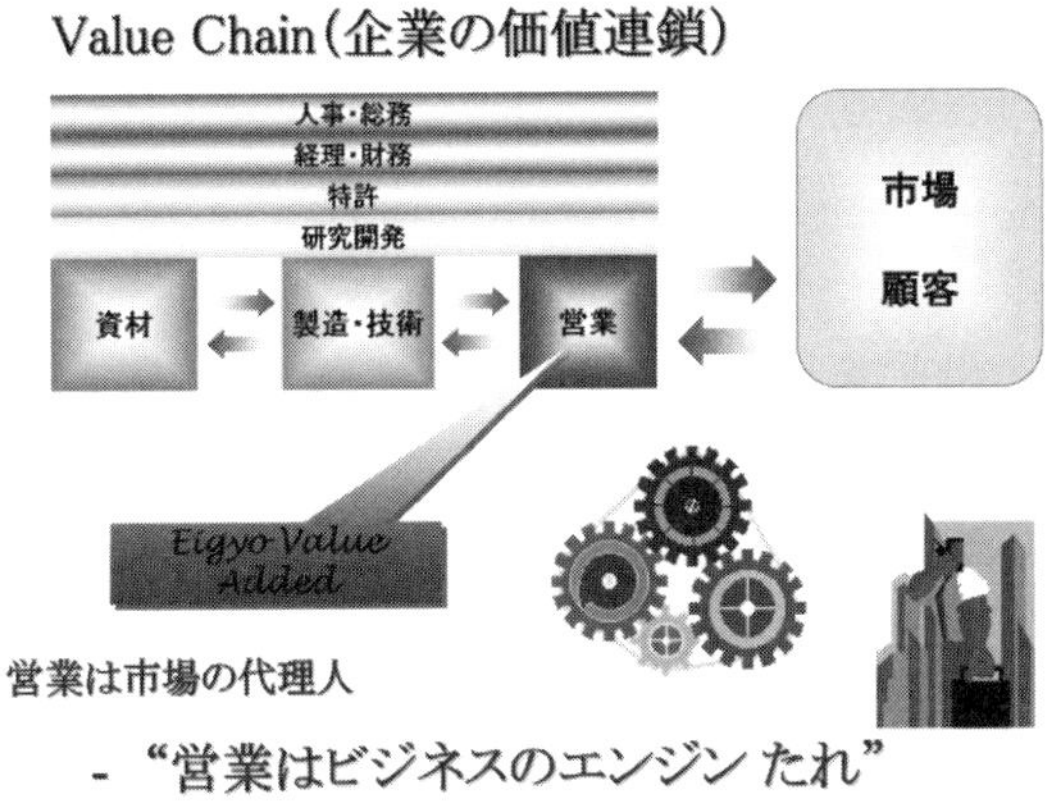

Value Chain（企業の価値連鎖）

人事・総務
経理・財務
特許
研究開発
資材
製造・技術
営業
市場
顧客
Eigyo Value Added
営業は市場の代理人
- “営業はビジネスのエンジン たれ”

出典：筆者作成

回収から、品質の問題まで全てお客に関する事は営業が責任を持つものとされてきた。三代目の社長時代も、会社を船に例えて、「営業は船頭」である、船頭がしっかりしていないと船は何処に行くか判らないと言って我々営業を指導してくれた。四代目社長も「経営は数字だ、しかしその数字に感性を加える事によって人間が生き生きしてくる。それが経営だ」と「熱い想いの営業マン」を地でゆく社内では営業の神様と呼ばれた人達であった。

　カセットテープに代表されるヒット商品を生み、TDKの名前を世に知らしめる程の業績を達成したのは、この三～四代目の社長時代であった。「不易流行」を見定めて、決して流行にとらわれる事なく、ビジネスの真理

＝不易を追求し、経営の判断をされる偉大な経営者達であった。筆者もこの3～4代目の社長達の薫陶を受け、「熱い想いの営業マン」魂を吹き込まれ、世界の企業を相手に企業戦士として闘った。偉大なる営業の神様達から教わったことは、世界のビジネスにも通ずる事であり、身をもって証明させて頂いた。

図6－2は筆者が営業の責任者の時代に、偉大なる先輩達の教えを「営業はビジネスのエンジンたれ」という言葉に変えて、後輩達をリードしてきたスローガンである。

5 「営業」とはゴルフに例えると「キャディー」のようなもの

「好き嫌いで物事を決める人間界」をマネージするのが営業の仕事である。利害関係のある相手達のなかに入って、お互いの利益を最大にする策をいつも考えて、しかも「人間として感情的にも納得する」方法を導き出さねばならない。

自分の感情、想いを先行させては人間界の交渉事は成功しない。常に、プレーヤーの気持ちを考えサポートをしながら、「風」を読み、「適切なクラブ」を選び、「ライン」を読むキャディーのようなものだ。

図6-3　営業とはゴルフのキャディーのようなもの

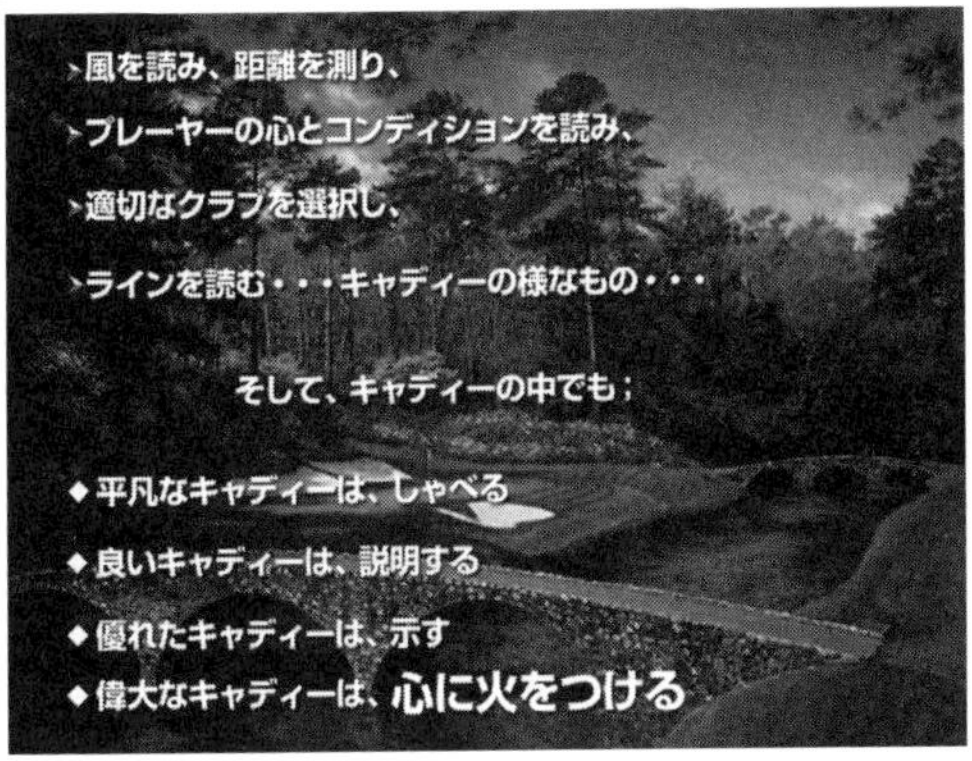

>風を読み、距離を測り、
>プレーヤーの心とコンディションを読み、
>適切なクラブを選択し、
>ラインを読む・・・キャディーの様なもの・・・

そして、キャディーの中でも；

◆平凡なキャディーは、しゃべる
◆良いキャディーは、説明する
◆優れたキャディーは、示す
◆偉大なキャディーは、心に火をつける

出典：筆者作成

平凡なキャディーはただ「しゃべる」
良いキャディーは「説明する」
優れたキャディーは「示す」
　そして
偉大なキャディーは「心に火をつける」

「偉大な営業マン」は「心に火をつける」人である。決して出しゃばる事もなく、利害関係者達のお互いの利益が最高になるように働きかける「誇り高き奉仕者」でもあるのだ。このような役目をＩＴが置き換えられるわけがない。

6　ＩＴ先進国アメリカで、ＢtoＢの営業が１００万人職を失う？

ＩＴ関連のリサーチ会社「Forrester

Research」の報告では2020年までに、BtoBの営業がアメリカで100万人職を失うと予測している。ではITが「熱い想いの営業マン」の仕事を本当に奪ってしまうのか？という問いには、前述したように絶対に「NO！」なのである。好き嫌いで意思決定をする人間様に対してITは競争できない。ITが奪う事のできる領域は「作業」であり、「仕事」の部分は絶対に代替できるものではない。

今直面している一般の会社の問題は、営業の仕事、つまり「人間界をマネージする質の高い活動」に費やせる時間をどれだけ持たされているかである。ITで肩代わり出来る「作業」の部分は、営業にとってやりたくない領域だ。本来営業としてやるべき「仕事」に集中する為には、ドンドンITを取り入れて「作業」の部分をITに任せれば良いのである。

意思決定をするのは、営業活動では人間様であり、ITはその道具でしかあり得ない。日本のホワイトカラー族は、生産性から言うと、先進国のなかでは最低のレベルにある。なぜなら、「仕事」の部分が少なく「作業」の部分が多すぎるからである。ITの活用ができていないのだ。

7 「作業はＩＴへ」

第三章で説明した中国の状況を考えてみても、日本は7倍のスピード（ドッグイヤー）で追いかけてくる中国に、このままではエレクトロニクスの領域でも直ぐキャッチアップされて、追い越されてしまうであろう。

電気自動車＝ＥＶは、中国では空気汚染対策として絶対必要不可欠な車となった。政府はこの産業に莫大な投資を始めている。筆者が教える浙江大学でも色々なプロジェクトがスタートしている。起業を目指す生徒達の間でも、まったく電気に関係していなかった人達が投資家からお金を集めて、ＥＶの部品開発をあちこちで始めている。彼らは、ネットサイトから簡単に世界の新製品部品を集める事ができるので、回路を組み試作を繰り返す。彼らは、日本では想像もしなかったスピードで、中国製ＥＶ車を次々と立ち上げてくるであろう。それほど、参入障壁が低くなっている。

試作部品を購入するのに、「口座がある、ない」とか、「資材を通せ」とか言っている場合ではない。中国ではスマホでネットマネーを使って瞬時に世界から必要な部品を一挙に入手しているのである。日本人の持つスピードの感覚は、第二次産業革命時代のままであり、第三次産業革命が生んだＩＴの持つ「スピードと利便性」に反応をしていない。デジタル時代のキーワードは「スピード」なのだ。

情報の真の価値とは

1 ドライ・インフォメーションとウェット・コミュニケーション

筆者は、TDK時代にIT効率を求めながら最大活用させるために、ITをわかりやすい言葉で組織に浸透させる事に苦労した。ヨーロッパ時代は、世界一労働時間の短いドイツに本部を置いていたので、病欠や有給休暇を加えると日本では考えられないような仕事の進め方が必要となった。いかにITを駆使して、しかも各国に散らばる支店、工場、研究所のメンバー達をひとつの組織体として動かすかが最大の課題であった。つまり、ITを駆使しながらいかに「Human Communication（ヒューマン・コミュニケーション）」を取れるかである。「Hardware（ハードウェア）」も「Software（ソフトウェア）」も超えた「ハートウェア（Heartware）」が必要だったのだ。

ネットワーク上でやりとりする情報の事を〝ドライ・インフォメーション〟(Dry

Information）と呼ぶ。情報とは、何時でも、何処でも、誰にでも素早く、しかも正しく流されねばならない。しかし、いざ本当のコミュニケーションが必要になれば、その時は「Heartwave（心を揺さぶる）」の様な、深くてウェットなものでなくてはならない。これを「ウエット・コミュニケーション（Wet Communication）」と呼び、毎年の目標設定をする場合には、ホテルに缶詰めにして、徹底的に議論を重ねた。ヒューマン・コミュニケーションを重んじる事から、我々は、「ハートウェア」や「ハートウェイブ」という新しい言葉を生み出していったそれは、コミュニケーションを取る相手のハートを揺り動かし、「心に火をつける」という意味である。

2　競争に打ち勝つ真の情報の価値とは（Competitive Value of the Information）

情報というものは、コンピューターではなく、人間によって、五感に訴える様なバイオロジカルなコミュニケーションが成されて、初めてその価値（Competitive Value）が生まれてくる。グローバル・オペレーションにおける「Competitive Value（競争価値）」計算は、**図6－4**のような方程式となる。

情報にアクセスするまでの時間、伝える相手への物理的距離は、反比例する要素である。

図6-4　競争価値の計算式

グローバル市場における情報の競争価値（Competitive Value）

$$\text{競争価値（Competitive Value）} = \alpha \times \frac{\text{情報の質}}{\text{時間} \times \text{距離} \times \text{情報の量}}$$

グローバルな時間と距離の差は、文化、言葉、商習慣、人種、法律、通貨等の違いも含む。情報の量もまた、反比例する要素なのだ。何故なら、量が多いという事は、求める結論へ到達する為の時間が、自ずから増える事になるからだ。豊富な情報の量は、単なるデータの寄せ集めであり、なんら価値を持つものではない。

情報とは、前述しているように、人間によって五感に訴える様なコミュニケーションが形成されて、初めてその価値が生まれるものだ。最も重要な要素は、相手にすぐさまアクションを起させる様な情報の「質」であり量ではない。

αとは、「ハートウェア」に基づいた「ヒューマン・コミュニケーション」であり、前述する「ウエット・コミュニケーション」の事である。この領域は、ＩＴでは解決の出来ない人間の感性の領域である。情報は、コンピューターにインプットすれば良いものであるが、その価値を判断するのは、関連する各人によって様々である。αの価値は、イチかゼロであり、ウエット・コミュニケーションが、成功するかしないかで、大きくバラつくものである。

マウザーがグローバル市場で成功しているのも、マーク・バーロノン上級副社長が強調しているように、インターネットのドライな情報だけでなく、ヒューマン・コミュニケーションを重視して主要国にブランチを置き、ドライ・インフォメーションとウエット・コミュニケーションの双方で競争価値を高めた事が大きな勝因となったと結論づけられる。

組織形態とリーダーシップ

ＩＴの進化と組織運営は、**図６－５**と**図６－６**のように、音楽に例えて「クラッシック演奏型」と「ジャズバンド型」で比較して説明できる。伝統的なマネージメントスタイルは、「クラシック音楽の指揮者」の様で、コミュニケーションの流れは、**図６－５**のように、指揮者から演奏者への一方通行型である。これは、ピラミッド型の伝統的なマネージメント組織に喩えられる。

狙う市場が、日本国内だけで、地域とか、製品とか、アプリケーションとか、得意先とかをグローバルにコーディネートする必要がなかったら、このスタイルでも経営を続けられるであろう。ガラパゴス経営はこれで十分に機能する。エレクトロニクス業界はそうは行かない。ガラパゴス経営を続けた結果は既に出ている。ところがスピードを求められる

図6-5　伝統的なスタイルのリーダーシップ

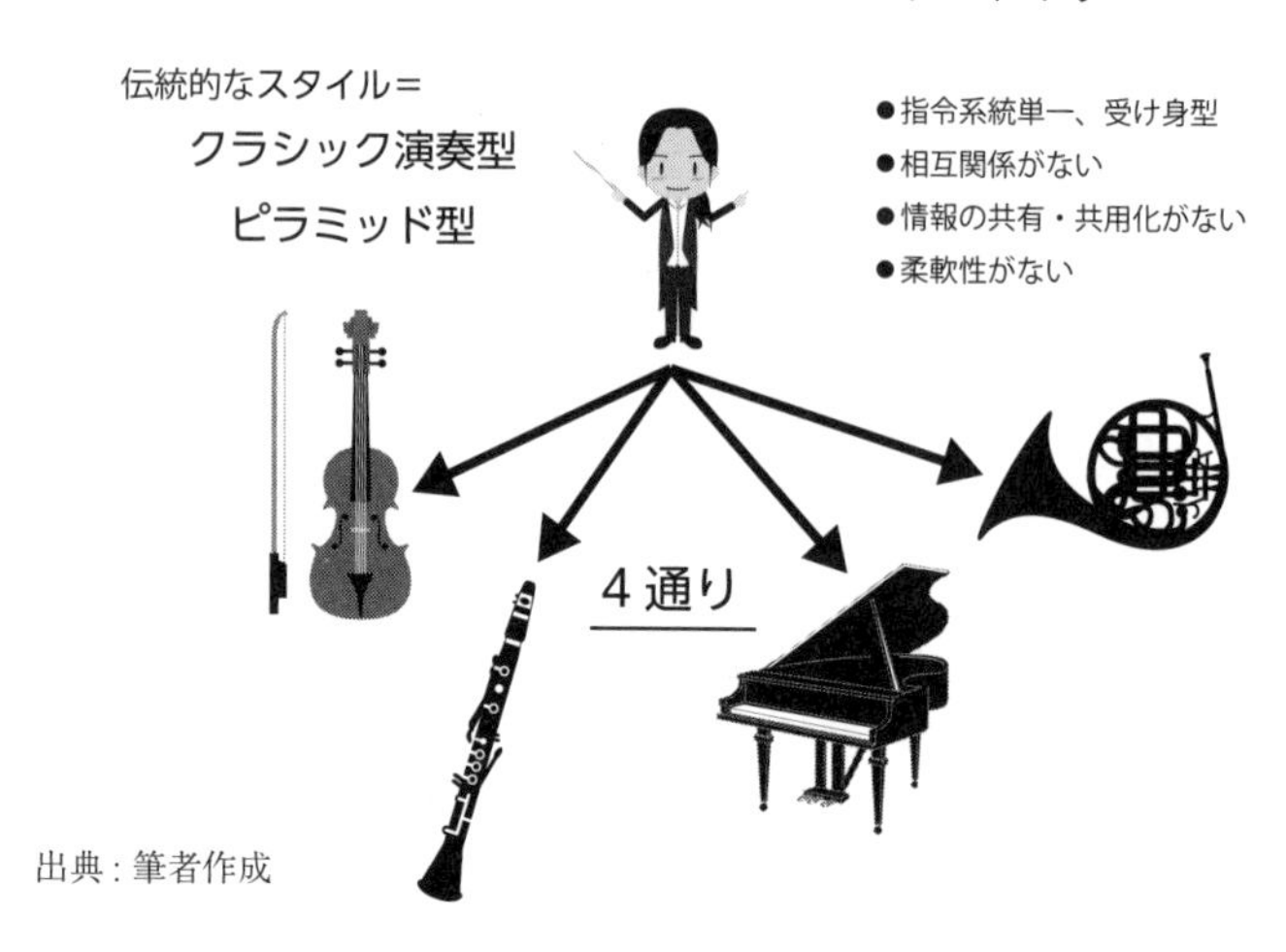

出典：筆者作成

ビジネスでありながら、経営の仕組みがまだこのピラミッド型となり、非効率な運営を続けている企業が多いのも我が国の特徴であろうか。

グローバル展開を目指すなら、重要な機能の軸で、お互いのコミュニケーションを取る事を余儀なくされる。ＩＴを活用できる環境では少し知恵を働かせば、それほどの苦労もなく生産性を上げながら組織化できるであろう。**図６－６**に描いたこの組織運営を「ジャズバンド・ネットワーク型」と呼んでいる。

ジャズバンドには、クラシック音楽の様に指揮者がいない。皆で最初のメロディーを合奏すると、次からはメロディーを演奏するのではなく、メロディーの和音に沿って、自分で即興をする。これをアドリブと呼んでいる。

図6-6　新しいスタイルのリーダーシップ

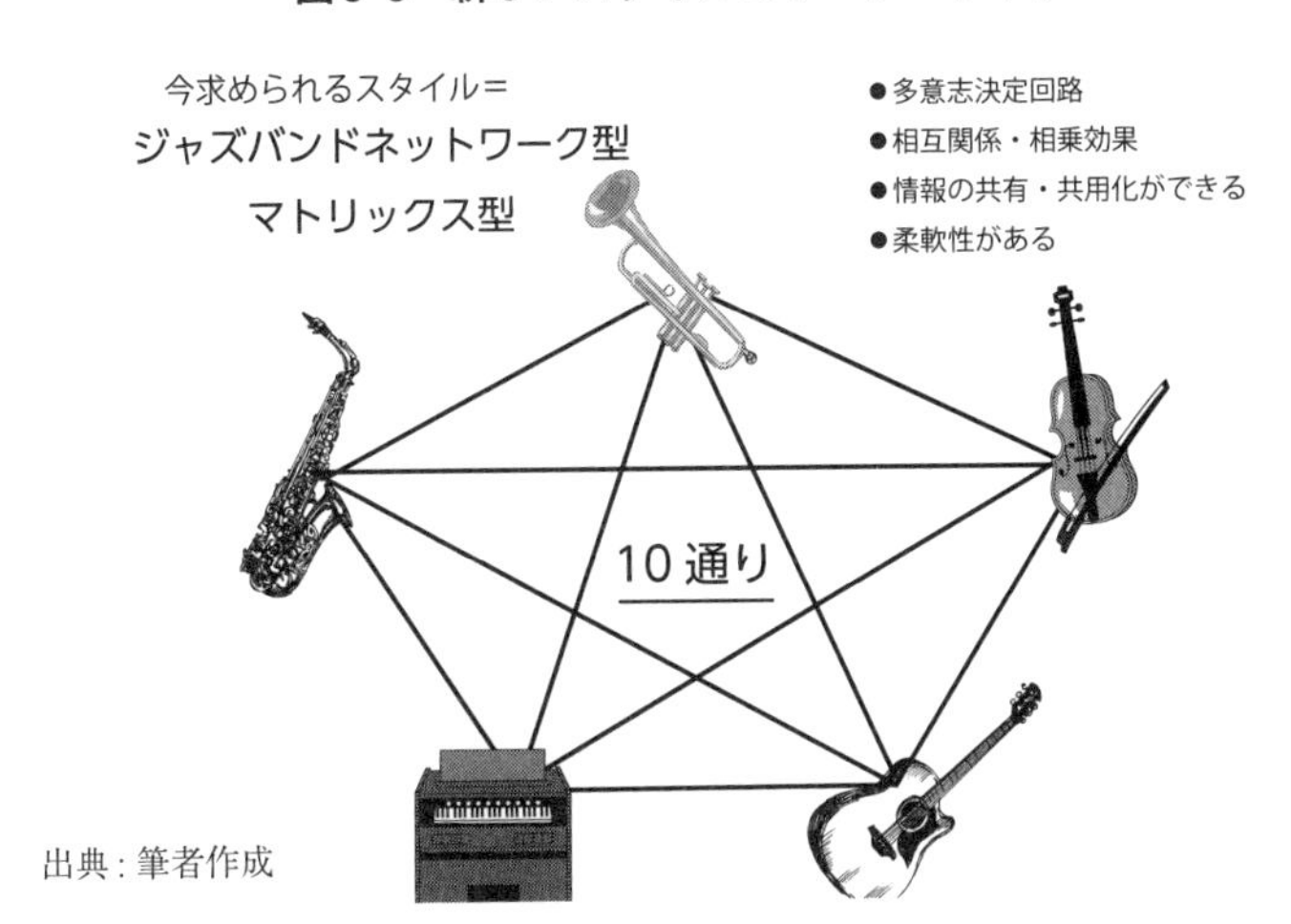

出典：筆者作成

もしギターのプレーヤーが、興に入って最高のアドリブを奏出ると、他のプレーヤー達も影響を受けて、ギタリストの演奏に合わせて共鳴しながらプレイする。

これは、仕事上で情報をシェアし合い、お互いに理解し合い、ウエット・コミュニケーションで最高のパフォーマンスを求めて協力し合うのと同じ事である。コミュニケーションの流れは一方通行でなく、複数のインプットが交差し合い、これらから出てくるシナジー効果を最大にしてゆく。筆者も時々ライブハウスで仲間達と演奏するが、自分で演奏するのと、お互いに共鳴し合いながら演奏するのとでは、達成感が全く違う。グローバルビジネスでのマネージメント活動は、ジャズバンド・ネットワーク型でなければならない。

ＩＴの有効活用なしで、我々のビジネスの生産性を高める事はできない。また、人間の五感に訴える「熱い想いの営業マン」のバイオロジカルなヒューマン・コミュニケーションだけでも、ビジネスを成功に導く事はできない。従って、ＩＴとヒューマン・コミュニケーションの、双方のバランスをいかにうまく保つかが肝要なのである。ＩＴの進化はグローバル化を推し進め、中国が先駆者となって社会生活まで変え始めている。

しかしながら、サイバー空間を走る情報は、ドライなデータの寄せ集めであり、人間によって人間の五感に訴えるような生き物としてのコミュニケーションが実現されて、初めてその価値を生み出すものである。サイバー領域に入れば入る程、コンピューターによるコンタクトよりも、ヒューマンタッチを求めるものである。人間とは、生まれながらにして自らの欲望を満たす為に、考え、行動する生き物なのである。サイバー世界に存在するすべてのものは、この人間の興味、欲望を満たす為の道具に過ぎないのであって、内にも外にもビジネス上の最終決定権は、人間の手に委ねられている。インターネット時代には、言語だけでなく、人間の五感を震撼させるコミュニケーションのスキルを開発する事が、別の意味での成功への秘訣となる。

オーストリアの哲学者、ルードヴィッヒ・ビットゲンシュタインは言語によるコミュニケーションの限界を唱えている。

〝我々は、言葉にて語り得るものを語り尽くした時、言葉にて語り得ないものを知る事があるであろう。〟

この言葉は正にＩＴにおけるコミュニケーションの限界を意味するものである。

終わりに

世界を凌駕してきた日本の電子産業が、衰退の危機を迎えている。ソニーやパナソニックに代表される、セットメーカーと呼ばれる電子機器を手がける企業は、韓国や台湾などにその地位を奪われてしまう日々が続いている。三洋電機は名前すら消滅、シャープは台湾の会社に完全に吸収されてしまった。世界の半分以上のシェアを握っていた日の丸半導体も、今では8％程度にまで下がってしまった。東芝が半導体を手放せば、ほんの数％の存在でしかなくなる。

デジタルエレクトロニクスの時代には、電子回路の心臓部は半導体である。日の丸半導体、それを取り巻いていた半導体商社群は衰退を余儀なくされている。メインの半導体が自国にない今、エレクトロニクスの製品開発は非常に困難を極める状態にまで陥っている。今まで待っていれば与えられていた技術情報は、逆に取りにいかないと得られなくなってしまった。技術者達が設計試作をする時間は、欧米に比べて最大4か月は遅れてしまっている。これは半導体の問題だけでもなく、部品の調達の仕方も大きく影響している。日本の製造のリードタイムは世界のトップレベルだが、設計のリードタイム（Time to

Design）は遅れをとってしまった。

しかしながら、半導体を除くその他の日本の電子部品は、逆に世界をリードする存在となっている。日本の電子部品業界は、半導体を除いてはとても強く、世界のトップ企業に日本しか出来ない製品を納めている。アップルの iPhone も日本の電子部品なくして製品ができ上がらない。携帯電話のラベルはアップルでも、その中味は日本の部品メーカーしかできない電子部品がギッシリと詰まっている。これらの部品メーカーのほとんどは、その営業体制も大手得意先中心の、いわゆる「熱い想いの営業マン」スタイルを昔ながらに取り続けている。デジタル化に伴って、新製品が生まれる可能性が増しているベンチャー企業、研究所、学校などへのサポートにまでマンパワーを割ける状態にない。その上、インターネットの進化に伴う新しいデジタル・マーケティングモデルがＢtoＢビジネスに従事する営業マンに取って替わろうともしている。

私は40年余り、電子部品メーカーのＴＤＫ株式会社に勤め、主に電子部品を世界に販売する仕事に従事してきた。アメリカに13年、ヨーロッパに11年近く駐在し、ＴＤＫの欧米の電子部品ビジネスのパイオニアとして、基盤をつくる事に従事し、実績も上げ取締役に抜擢された。電子部品営業のトップとして世界を相手に働いた。退任後は、数社の社外取締役やアドバイザーを引き受けながら、欧米のビジネス・スクールのＭＢＡ（経営学修士）

コースで教鞭を取り、最近は中国の浙江大学（中国のトップスリー校）、浙江工業大学、上海大学などで引き続きＭＢＡの学生に教えている。

中国でのビジネスには携わっていたが駐在の経験はなく、大きなマグマが爆発したような勢いで益々その影響力を高めてくる中国に、興味と好奇心を抱き、友人達と台湾企業や日本企業の中国のオペレーションのサポートを引き受けてきた。今では欧・米・中についてのビジネスは、肌で感じ意見を述べられる域にまでなった。

ＴＤＫの取締役になった50歳に、遅ればせながらビジネスの理論を学ぶべく、ウィーンのビジネス・スクールでＭＢＡ資格を取得するために、一年半程猛勉強もした。カリフォルニア大学の教授と、ヨーロッパの教授達との混合授業であったが、経済価値（銭）を最優先するハゲタカ経営論と社会価値を重視するヨーロッパ派とのバランスの取れた経営論を勉強させてもらった。お蔭様で、国家資本主義と呼ばれる中国でのＭＢＡ学生相手の授業には、グローバルな経営論を比較しながら議論出来るようにもなった。

私はＰＣ（パソコン）がまだ誕生する前の、ＩＢＭの大型コンピューターの時代からアメリカに駐在して、１９８４年にアップルが初めてのＰＣ（マッキントッシュ）を世に出した時に、やっとＰＣが個人の仕事、生活を楽にしてくれるものと期待した。休日まで返上してやっていた、誰にでもできる仕事（作業の部類）をやがてＰＣが代替してくれるものと信じながら、ＩＴ業界の変遷を、そのなかでビジネスを行うインサイダーとしても見つめてきた。

１９８９年にヨーロッパの社長として赴任した際、本部のドイツでのビジネス環境がアメリカ、日本と全く違い、世界最短の労働時間と労働者保護を目的とした規制の強い事に驚かされた。宗教的にもキリスト教支配の国なので、週末は土曜日の午後からお店は休み、日曜日はもちろん教会へ行くために休み。休日に出勤していると、法律違反で訴えられるのである。有給休暇は30日／年、３日以内の病欠は電話するだけで良く、それ以上になると、係りつけの医者に診断書を書いてもらえば、一週間は休める。さらにもっと休む必要あれば、又一週間後に医者に診断書を出してもらう。頭が痛いとか、身体が調子悪いと言われて、大丈夫だとの診断書を書く医者はまずいない。これらの病欠期間は有給期間の30日から差し引く事は、法律上できない。ほぼ全員が30日の有給休暇を消化する。

１９９０年にドイツの自動車電装部品メーカー、ロバート・ボッシュ社とドイツ国内で合弁会社をつくり、モーターに使われる磁石を製造していた。当時、この会社は平均病欠が一年に23日もあり、30日の有給休暇を加えると53日、ほぼ10週間あまり労働者達が会社に来ないのである。日本に出していた事業計画は大幅に狂い、大赤字を出したのを覚えている。

私の仕事での挑戦はいつも、「時間と距離の差」をいかに克服するかであり、ＩＴ活用で代替えできる仕事は、いつもＩＴに任せられるようにその時代の文明の利器を最大限に活用した。会社の中でも、積極的に改革の為の投資を怠らなかった。自動車電話（当時は大きなアナログ電話）を最初に導入したのは、１９８０年にインディアナ営業所長だった時代で、ＴＤＫ全社で一番早かった。営業マン全員にＰＣを与え、自宅に当時では最速と言われたＩＳＤＮ回線を入れさせたのも、ドイツにいた１９９０年のことである。日本の本社や、他社と比べても私が最初であったと思う。

ヨーロッパ時代は優秀なスタッフにも恵まれて、ＩＴを活用して、ＥＵ統合前の12カ国の受注、在庫、売り上げ、などの経営管理数値をいち早くＰＣレベルで統合して、個人の経営目標値など国を跨いで、そのプロセスまでフォローし、評価までできるシステムを開発して、時間と距離の差を縮めた。その後、そのモデルはＴＤＫのグローバル経営管理システムとして、全世界を結びつけるＭＭＭ（Multi-dimensional Matrix Management= 多次元マトリックス経営）システムへと進化させ、ＴＤＫで最初のビジネスモデル特許となった。

フィンテックが我々の社会生活まで変えようとしている。お隣の中国は既に世界をリードする「ネットビジネス」、「シェア・ビジネス」、「フィンテック」の大国となり、世界最大の人口を抱える自国内で、更なる異次元の進化を続けている。「進化」とは、トライ&エラーをくり返す事で初めて起こり得る現象である。

それと比較して我が国はずっと変わらぬまま、変わろうとしないままガラパゴスと言われるように独自のビジネス文化から脱皮出来ないままでいる。何もしないでいては「進化」は起こらない。

本書で強調してきた「ネットビジネスの活用」などは、ほんのひとつの小さな改善の一策でしかない。人間としての幸せな生活を考えるならば、人間らしい仕事に専念できる時間を最大化することであろう。日本の電子業界の皆様にも、作業の部分をITに任せて「人間的な価値を最大化させる仕事」を考えて頂ける一助となる事を願っている。

現金もカードも持ち歩かなくなった中国人にとって大切なのは、スマホとQRコードだ。QRコードは、1997年に日本のデンソーが開発し、その特許を無料公開した。中国で約半数の人が決済に使うのが、アリババ集団の「支付宝（アリペイ）」だ。一日で1億3千万回もの取引を生むスマホアプリに急成長した。アリペイの決済を支えるのは日本発の「QRコード」である。この「支付宝（アリペイ）」が日本に上陸するという。日本発のQRコードが中国で巨大なサービスビジネスを創造し、その「規格の逆上陸」が始まろうとしている。この著の「はじめに」で、「文化とは、高きところから低きところにている。

流れる水のようなもの」を引用した。正に、「赤船到来」で文化の逆流が始まろうとしている。

日本人は外からの圧力にはとても弱く、反応し易い国民性をもっている。但し、外来モノを単純にそのまま受け入れないで、日本流にアレンジを試みてまた独自のモノに仕上げてしまう能力も兼ね備えている。「赤船＝中国」からの漢字も日本流に「カタカナ」や「ひらかな」に進化させた。漢詩にしても、日本流に独自の「読み順」にアレンジして楽しめるように進化させた。先日もこの「QRコード」にもう数層のセキュリティーを付加して活用するアイデアを熱く語っていた友人の事を思い出す。第2章で説明したリスクへの姿勢が日本と中国では全く違うからである。筆者の個人的な意見ではあるが、日本発の「QRコード」も中国並みのセキュリティーに留まれば逆流行はしないであろうと思う。中国で異次元の進化を遂げた文化の逆流＝「赤船到来」はいよいよ始まろうとしている。

この「赤船」が運ぶ荷物の大半は、素早く進化する〝スピード〟である。この〝スピード〟を受け入れ、打ち勝つ秘訣は、時代に合わなくなった古い日本のビジネス慣習を打ち破る「仕組みづくり」であろう。

我々にはその準備が出来ているのであろうか。

最後に、半導体ビジネスの歴史、現状などにつきご教示頂いたアナログデバイス社の殿村裕シニアディレクター様、株式会社マクニカの中島潔社長様、電子機器の「Time to Design」の問題点を経験者として指摘して頂いた林元日古・元シャープ常務執行役員様、そして現地視察とインタビューを快く協力してくださったマーク・バーロノン氏とマウザーエレクトロニクス社、ＴＴＩ社の幹部の皆さまに感謝の意を表したい。また、企画編集出版にあたり特段のサポートを頂いた、ミアキス・アソシエイツの河西仁氏、同友館の佐藤文彦氏、明治大学・大石芳裕教授、浙江大学ＰＨＤ李文さん、浙江工業大学ＭＢＡ周凌峻さん、洲本高校ＯＢの白水徹さんにお礼を申し上げたい。

もちろん、執筆中に昼夜が逆転した生活をサポートしてくれた妻と家族には大感謝である。

アメリカ保護主義の先鋒ビッグスリー攻略の秘訣は"Young & Foolish can make the History"『バイ・アメリカンを旗印にしていたGM』、『日本車をハンマーで叩き壊していたフォード』、『白人至上主義の州に拠点を置いていたクライスラー』

GM

第1章で述べた当時の世界最大の企業、GM（ゼネラル・モーターズ）と国防省次官まで登り詰めたロバート・コステロ博士をめぐる物語は、今の時代からすると理解できないものだった。筆者は、米国駐在時代に、バイ・アメリカンを唱える当時の世界最大の企業であるGMと、日本人として初めて直接ビジネスを開始した企業戦士でもある事は第1章でも触れた。

GMのエレクトロニクス本部は、ココモと呼ばれる、インディアナ州にある人口5万人の田舎街にあった。シカゴから通っていたが、深く入り込むには、彼らと同じ街に住んで溶け込まない限り、日本人が直接ビジネスを始めるのは、不可能に近かった。多くの企業は、レップと呼ばれるアメリカ人の仲介人を通してのビジネスチャンスを狙っていた。「言葉も解らない、文化も知らない、そんな日本とビジネスは出来ない」と言われて、「それはフェアーではない。アメリカはフェアーな国と信じている。食べ物だって食べてから好き嫌いを言える。食べてもないのにどうして嫌いと言える？どうだろう、私が日本の文化をココモの街に紹介する。それで嫌だったらビジネスはしなくていい。」と言って、1980年11月3日の日本の文化の日に、ココモのGMの前にあるホテル、ラマダインの宴会場を借りて、「ジャパニーズナイト」と称して、日本から色々な民芸品を取り寄せて、お茶、お花、折り紙、書道などを披露した。当時のTDKスタッフは、仕事とは直接関係のない文化祭の様な行事を熱心に考えてくれて、即席で野立のお茶席をつくったり、習字の上手な駐在員がシカゴから出向いてくれて、書道のデモをしてくれたり、奥様達も喜んでお茶、お花、折り紙を披露してくれた。

招かれたGMの家族達は大喜びだった。当時アメリカのTVで、「将軍」というタイトルで、リチャード・チャンバレンと島田陽子が主演のドラマが放映されて、視聴率も高く、ココモの街の人達も見ていた。そのためか、「サムライ」という言葉が着物姿の武士の好イメージとして浸透していた。我々は現地社員も含めて全員着物を着て、日本の文化紹介を熱心に行った。カリフォルニアから酒樽を取り寄せて鏡割りをやった瞬間、彼らの表情から、やっと硬いGMのバイ・アメリカン主義は崩す事ができた、と大喜びをしたことも、記憶のなかに鮮明に残っている。

当時のこのGMの購買を率いていた人はロバート・コステロ博士で、彼を取り巻くユダヤ人のレップ（仲介人）を通さないと、ビジネスをさせてもらえない時代であった。当時のTDKは営業の神様と言われた営業出身者が二代続けて社長を務めていた時代で、レップを通して5～10％ものコミッションを支払うなんて営業の恥であり、到底許されるものではなかった。コステロ博士からの意地悪で、困難な要求に、色々と策を講じながら何とか及第点をもらえる結果を出していった。そうしていると、インディアナに家族も引き連れて仕事をしている私に、コステロ博士も徐々に心を開いてくれるようになっていった。家族同士の付き合いも密になり、ようやく我々をフージャー（インディアナに住む人を指す、ローカルの言葉）として受け入れてくれるようになった。TDKのアメリカ本社もロスアンゼルスからシカゴに移すことになった。我がインディアナ営業所がアメリカで一番の売り上げを誇るようになっていたからである。

コステロ博士もレップが大好きで、直販営業で攻め込んでくる筆者にはなかなか時間もくれなかった。初めてGMが日本を訪問した際も、正式なスケジュールはすべて仲良しのレップ二人が仕切っていた。筆者はアメリカ大使館前のホテルオークラに宿泊するコステロ博士の隣部屋を予約し、（当時は個人情報などのややこしい事はなく、ホテルも誰がどの部屋に泊まるかは教えてくれた）朝、シャワー浴びる音を聞いて、階段の下で待ち構えて、朝食に向かう時に偶然会ったように仕組んで、時間を共にして日本の事を色々と教えてあげる事から近づいていった。当時のTDKも高い五つ星のホテルオークラに、一介の若い平社員が泊まる事を承諾してくれる営業の神様達がいたことも幸いした。毎回5～6人のグループで日本に来たが、あちこちでもらうお土産ものがいっぱいになり、私の部屋は彼らの家に届けてあげる土産物置き場と化した。もちろん、筆者がすべてインディアナまで持ち帰り、彼らの家に届けてあげるのである。自分達は、手軽な即奥様が喜ぶ土産だけを持ち帰っていた。若かったせいか、意気に思って運び屋の仕事をかって出ていた。

クライスラー

フォードモータースに自動化された新しい工場のビジネスを受注した翌年には、南部のクライスラーを攻める事になった。

KKK（Ku Klux Klan, 白人至上主義の秘密結社）の影響がとても強いアラバマ州で、アポロ計画を成功させたNASAのビルが立ち並ぶ、ハンツビルが我々のビジネスの戦場となった。ここには、クライスラー社のエレクトロニクスのメイン工場があり、その製造ラインを自動化する仕事の受注にも成功した。今では標準となっているが、当時は足の付いた（リード線の付いた）電子部品を、SMDと呼ばれる足なしの小型チップ部品に変えて、自動車用の品質と機器の小型化を達成する事は、各社の最重要課題であった。石油危機の影響で燃費を改善する事が急務となり、メカ式のエンジンから、コンピューターで制御された、効率の良い電子噴射型への変更を余儀なくされた。これらの技術は、既にNASAや軍事用には適用されており、新しい技術ではなかった。ただ自動車用となると莫大な量が必要とされる。それにはコストと品質を兼ね備えた部品と、それを扱う自動機が必要となる。当時は、日本の品質改善が世界に認められて、日本の電子部品も民生用に大量に生産されており、自動車用にも使える品質のレベルに近づいて来ていたのである。そこで、日本の電子部品と、それを扱う自動化ラインが脚光を浴び始めていた。

当時の日本の自動車メーカーは電子化には遅れており、アメリカが数年先行していたので、自動車用の需要は先ず、GMを皮切りにビッグスリーと呼ばれる、GM、フォード、クライスラーが握っていた。白人至上主義思想で有名な知事のいる、アラバマ州での戦いは容易ではなかった。ここでは、アメリカの機械と、我々の日本の機械を横に並べてのコンペであった。工場では作業に使う我々の工具箱が頻繁に盗まれ、我々の機械には、「ジャップ・ゴーホーム」「リメンバー・パールハーバー」「イエロー・モンキー」など、ハリウッド映画でしか聞いた事のない、張り紙がびっしりと張られているのである。張り紙剥がしから、毎日の仕事が始まった。宿泊しているモーテルにも、「工場が燃えている」と夜中に電話があり、びっくりして飛び起きて、工場に行っても火事などない。翌朝は、眠い目を擦りながらの仕事を強いられた。我々も、何とかしなくてはこのままでは負けてしまう、と焦る気持ちを抑えながら、製造現場で生産用にも使用されている我々の機械を交代で見張る事にした。

彼らのシフトが終わったら一緒にビールを飲みにいったり、ボーリングに行ったりしながら、仲良くなれないかと努力もした。その甲斐もあって、ブルーカラーと呼ばれる現場の人達とは着実に仲良くなっていった。そうすると、彼らが急に生産数を上げたり、残業の仕事が沢山残ったりする場合も、ＴＤＫの技術者達は彼らに付き合って、現場仕事を手伝ってあげた。一方、アメリカの競合メーカーの技術者は、絶対に下の仕事はしなかった。時間になると、即帰ってしまう。ところが、仲良くなったのは良いが、ＴＤＫの機械がメンテの時間もなく酷使されて、性能を計るデータは悪くなるばかりであった。敵のデータの方が良いであろうことは容易に推測できた。

三か月のコンペが終わり、いよいよ勝者発表の日が来た。私は、頑張っていた技術者達に「有難う、今回は負けだ。でもまた、次回頑張ろう」と慰めの言葉までかけていた。しかし、結果発表に驚いた。当時のアメリカの自動車会社は、政府の入札時のように、関係者を集めて結果発表をするのが通例であった。競合もいる中で、出されているデータは、ＴＤＫが勝っているのであった。

「あれっ！」と思い、現場の班長さんを見たら、ウィンクして「黙れ！」と言っている。後で、説明を受けた。「俺達はＴＤＫと仕事する。あなた達は大学まで出た技術者でも、我々と一緒に仕事して助けてくれた。共に仕事する仲間はあなた達しかいない。ＴＤＫが当然の勝者だ。」これが縁で、次々と自動生産ラインのビジネスをもらい、社内では有名になった「上野駅プロジェクト」まで受注に成功した。このプロジェクトはラインの長さが丁度上野駅のホームくらいあったので、秋田出身のエンジニアが多いTDKでは「上野駅プロジェクト」と呼ばれ、酒の席では、みんなでこのプロジェクトをネタに「ああ、上野駅」の歌を熱唱していたのを懐かしく思い出す。

当時のTDKの大蔵会長は白人至上主義で有名なアラバマ州のGeorge Wallaceジョージ・ウォレス知事から、名誉市民賞まで頂いた。白人以外でアラバマの名誉市民賞をもらったのは、これが最初であった。

余談ではあるが、私がアメリカで仕事した13年間で、人種差別の為に仕事が出来なかった事実は一件もなかった。クライスラーなどのケースのように、人間として付き合えば、我々レベルのビジネスには人種の壁はなかったと確信をしている。

Young and Foolish can make the History

筆者はアメリカ駐在時代、ビッグスリーと呼ばれるバイアメリカン主義の自動車会社相手に、今では考えられないような挑戦を果敢に挑んでいった。その後、コンピューターと通信が融合する1980年代の半ばにも当時のIBM、ATTなどの巨大企業にも恐れもなく挑戦し、幸いにも多くの結果を残す事が出来た。もちろん、そこに膨大な需要が生まれて、日本本社からの強いサポートもあったからだ。本書執筆のためのマウザー社、TTI社のインタビューの帰りに、当時私の右腕として活躍してくれたアメリカ人に会ってきた。

60歳で仕事を辞めて、神父になる為に学校に通って勉強して3年前から神父になっていた。ビジネスを追いかけて動き回っていた当時とは様変わりである。まだTDKにいた頃の10年程前に、同じ話を二人で夜遅くまで語り合った事があった。

「なんで、我々はあんなに勇敢に巨大企業に挑み、成功できたんだろう?」結局行き着いたところは、「若くて、怖い事など何もなかった、バカだったからだ」。それは、英語でいう"Young and foolish can make the history"であった。

今回、サンディエゴの彼の自宅で同じ話をしていて、結論はやっぱり、「若くてバカだったから、賢かったらもっとリスクを考えて挑戦してないだろう、Young & Foolish can Make the History」であった。

しかし、今の時代の若い人達はみんな賢い。我々のようなバカはやらない、も一致した言葉だった。中国のMBA学生達ならまだ、果敢に挑戦をする、彼らと競争したら勝てないのかな、と寂しい気持ちにさせられた。

急激な変化が社会を進化させる中国

日本に居ては判らない中国の変化を、そのスピードの速さを、エレクトロニクス業界の人達にも知ってもらおうと、色々なセミナーや講演で紹介をしてきた。特にシェア自転車については、2017年の春から状況を紹介しつつ、毎回それが変わって行くのに、筆者自身もついて行けなくなった。春には参画企業が20社くらいまでに絞られてきていたが、夏には5社、秋にはほぼ2社となった。本書を書き始めたのは2017年8月だが、中国の章は毎回変更を余儀なくされるくらい変化の連続であった。でもその裏にある政府の影の指導にも恐怖を覚えつつ、凄い国である事を認めざるを得なかった。昨年の秋口から新聞、雑誌、TVなどで紹介され始めて、かなりの部分が日本でも知られるようになった。

中国ではグーグル、フェイスブック、ツイッター、ライン、ユーチューブなどは使えない。筆者は自分のメールはグーグルメールを使っているが、持っているiPhoneでは見れるがPCでは見れなかった。ところが、10月に杭州の大学に講義に出かけた際、iPhone でも見れなくなってしまった。急遽マイクロソフトのメールを起こして、切り替えてなんとか日本、アメリカとの交信が出来るようになった。中国にいると、第三章で述べた中国製のＳＮＳである「微信＝WeChat」を使えないと、何処とも交信出来ない。家族にもこのサイトに入ってもらい、いつでも交信できる環境を整えている。通話も無料で、その品質も普通の固定電話、無線通信電話などよりもクリアーで聞きやすい。クラウドサービスで大きなデータも添付できるので、ビジネスでも頻繁に使われている。中国人とは名刺交換よりも、WeChat のアドレスをＱＲコードを見せ合って繋ぐのが常識だ。

但し、すべて政府から見られている可能性は否定出来ない。中国人に言わせると「こんなにたくさんの人が常時使っているから、政府が検閲は出来ない。我々ユーザーの数が圧倒的に多い。数億人をどうやってチェックできる？」として気にしていない。でも政治的な言葉、共産党の好まない言葉を使うと検索に引っかかってしまう事も確かなので、中国での政府批判は禁句であろう。

昨年の10月の訪問時は、丁度共産党大会が開かれていたから規制が強化されたのだった。ＴＶを見ていても、いつもよりも衛星放送で流れるＮＨＫ、ＢＢＣ、ＣＮＮなども突然真っ黒にブラックアウトされてしまう回数が増えていた。共産党大会の影響だと後で知った。

ところが、トランプ大統領が訪中した11月にはツイッターまで使えるようにしてあげていた。情報は何でも政府でコントロールできるのだ。

中国の田舎の街にも良く出かけたが、どこに行ってもローカル局には「朝の連ドラ」が放映されている。内容は「バカな日本人」と「悪い日本人」の2種類が圧倒的に多い。中国語が判らない人でも、TVを見れば直ぐわかるような内容だ。夕方には第二次大戦時の「日本兵の行進」する白黒のニュースが毎日放映される。

2012年に尖閣諸島問題で、日本料理店、日系企業の多くが投石されたり、焼き討ちに合った。当時は中国に居て、日本語を使うのはとても危険視されて筆者も英語で通していた。ところが最近は日本そのものがブランドになったが如く、3年程前からは春には校内でも日本の「お花見」を再現して、日本への留学経験者達が集まって堂々とカラオケで歌っている。歌詞も日本語で、日本の歌を歌うのである。筆者も講義の最中にテレサテンの歌が流れてきて、「そんなわけないだろう……」とびっくりしたのを覚えている。

新しいショッピングモールがあちこちにオープンされて、そのなかには必ず日本食レストランが2~3軒オープンされている。以前と違ってとてもお洒落で味もそこそこなのだ。

3年程前に、筆者の生徒で、杭州のTV局のプロデューサーをやっているMBAの生徒に「どうして日本の事を悪くしか放映しないの？良いところも少しくらいは入れたらどうなの？」と問い詰めると、「先生、申し訳ないけどそれは私達にはどうにもできない。番組は政府から指導されるから」との返事であった。以後、筆者も「皆さん達は日本とビジネスをする場合も多いでしょう、私はこの学校で唯一の日本人教授である。よって日本の事を正しく教えてあげる。悪い事はいつもTVで見ているでしょうから、日本の良い文化、正しい歴史を教える」と言って、かなりの時間を割いて江戸時代からの日本の文化、歴史なども講義のなかに入れるようにしている。これらもすべてビジネスに絡ませて教えないと、学校の教育方針から外れるので、気を付けながら許される範囲内で時間を割いている。中国についても、批判はしないように、彼らの良さを強調している。

浙江大学は杭州の郊外にケンブリッジ大学をモデルにした立派なキャンパスを建築中である。昨年の秋から一部授業が始まった。一帯一路に関係する国々の将来のリーダー達を集めて、学費、寮費すべて無料で2年間の勉強をさせるのである。終了すると中国のトップ校である浙江大学の修士の学位が与えられる。もちろん教える言葉は中国語ではなく英語である。海外から200名の教授を集めようと必死に勧誘活動を続けている。学内の設備はどこの大学でも見たことのない、近代設備とモダンな教室、インターネットを自由自在に使える授業環境にしている。キャンパスの中にはホテルあり、レストランあり、リゾート地にいるような素晴らしい風景を楽しむ事もできる。

習近平総書記は2002年11月に49歳で浙江省の共産党トップ（浙江省党委書記と浙江省国防動員委員会主任を兼任）となり、浙江省には影響力も強く、2016年のG20会議も浙江省杭州で開催された。

「これからのリーダーシップは欧米流ではなく、中国流を理解しない限り発展はない。その為に一帯一路に関係する諸国の将来のリーダー達は、中国文化、歴史、中国流リーダーシップを学ばなくてはならない」がこのキャンパスの掲げるミッションである。

筆者も経営学では「アングロアメリカン資本主義も将来に最適と言えるものでもない。日本式モデルも20年以上低迷を続ける国なので、理想として追いかける事はできない。中国は世界を相手に、既にグローバル経済と切っても切れない関係にある。お金第一主義でもなく、軍事大国主義でもなく、世界の人間に幸せをもたらすモデルを創り上げる事が肝心なのだ」と強調している。

「多次元マトリックス経営システム」(MMM=Multi-dimensional Matrix Management System)

ＴＤＫのビジネスは、電子部品を開発、生産し、ハイテック企業と呼ばれるコンピューターや通信、自動車、産業機器等を生産する得意先に販売する、いわゆる“ＢtoＢ”(Business to Business) と呼ばれるものである。ＴＤＫの得意先は、世界中の異なった国々に、そのオペレーションを持つグローバル企業である。ビジネスを成功させる為には、得意先の設計開発、生産、購買等への継続的なコンタクトを求められるが、これらの得意先のコンタクト部署は多国に散在しており、一国の中だけでなく他地域にまで広がっているのが通例であった。一方ＴＤＫはと言うと、製品事業部の本部のほとんどは日本にあるが、その設計機能、生産場所は得意先と同じ様に日本国外の多くの国に広がっている。将来の電子部品の需要を生み出すようなアプリケーションを見つけ出し、限られた開発メンバーを有効に活用させるには、得意先や市場の動向をいち早く掴む鋭い洞察力を持った営業集団が不可欠である。

ＴＤＫとしては、機能、地域等の壁をぶち破り、基軸となる戦略を崩さず、多くの必要なアクションを同時に取れるように組織化する必要があった。グローバル化の前は営業機能をとってみても地域完結型であり、設計、開発に成功した営業マンがその地域で受注をして、売り上げをたてるという事、つまり売り上げの大きさを競う事が彼らの生きがいであり、達成感でもあった。今のグローバル化の時代には、日本にはビジネスの種蒔と言われるような設計、開発（デザインイン）と呼ばれる仕事のみが残り、生きがい、達成感を与えてくれていた売り上げが中国などの国外へ移管されてしまった。多次元マトリックス システムは、営業機能を中心に開発した目標管理(Objective Management)がベースとなっている。上述した様な仕事のプロセスまでも目標値として定め、個人及びチームの成果まで評価できる仕組みになっている。ＴＤＫの海外を中心に営業機能の中で定着し後に製造、開発の部門とも連携しあうシステムに育っていった。

筆者がマウザーのシステムに興味を抱いたのは、そのグローバルなデータ収集と分析力で巧なマーケティング活動を行っている事だった。ＴＤＫの多次元マトリックス経営システムも、そのベースはマウザー程の規模ではないが、ほぼ全世界のエレクトロニクス業界を相手にした、引き合いから受注、売り上げのプロセスを目標値と比較しながら、その必要に応じた軸でもってリアルタイムで検索し分析出来、次の活動に結びつけていく事であった。

1999年にオーストリア、ウィーンでMBAコースを受けていた際に、カリフォルニア大学の教授から、ハーバード大学の教授であったノートンとカプラーの「バランス・スコアカード」を紹介された。当時のTDKヨーロッパは既にこの多次元マトリックス経営システムが熟成期に入っており、逆に私のパソコンからMMMシステムを紹介する事となった。バランス．スコアカードの最大の欠点はオペレーションをリアルタイムでいかにマネージするかのノウハウが無かった事だった。その欠点を解決しているのがMMMシステムであったので、ハーバードビジネスレビューへ紹介させて欲しいとまで言われた。そんなことをすると、企業ノウハウの公開になるので私は出来ないと断ったところ、ビジネスモデル特許を出しなさい、とアドバイスを受け取得に至った経緯もある。TDKで最初のビジネスモデル特許となった。

今にしてみれば、その時代にマウザーが展開するような現在のグローバルマーケティングシステムが開発されていて、結びつける事が出来たなら、パーフェクトなマーケティング活動が出来たであろうと残念に思う。

多次元マトリクス経営システム、システムダイアグラム

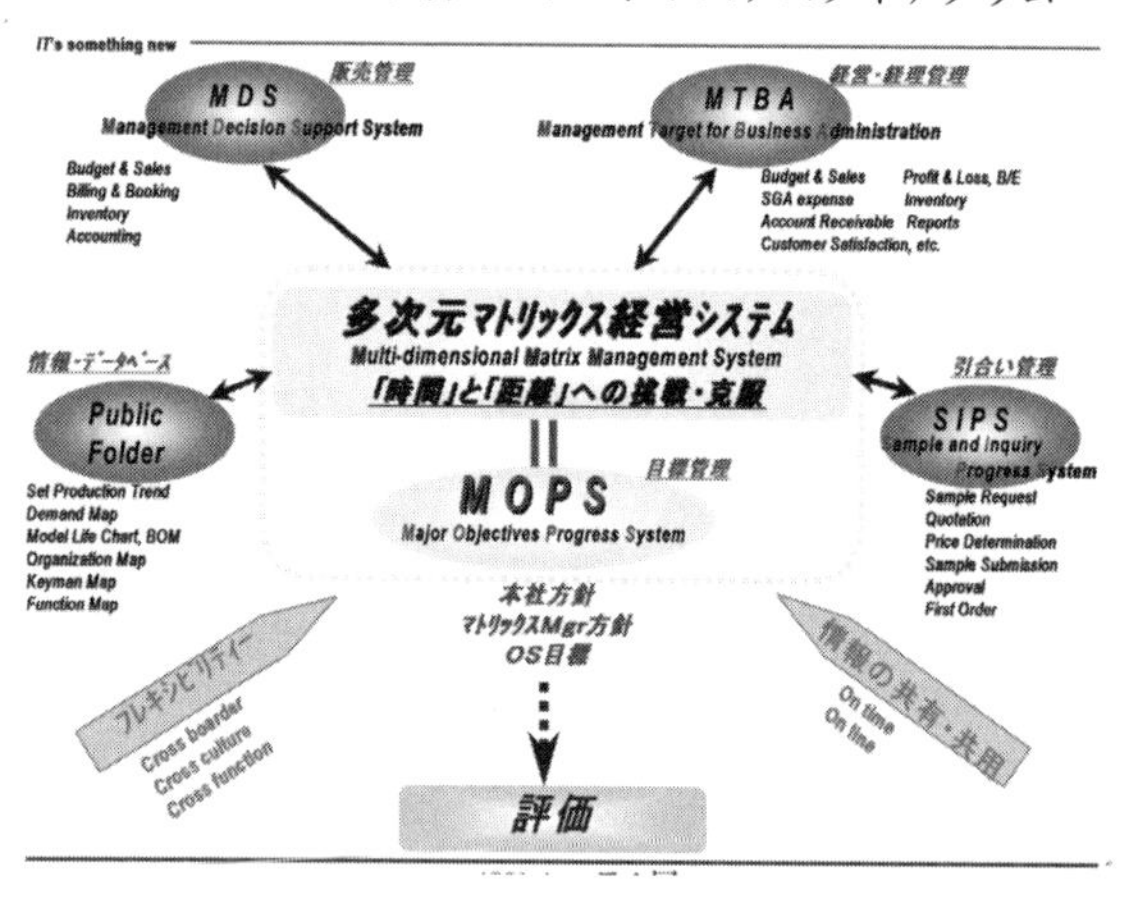

【著者略歴】

横　伸二（よこ　しんじ）

兵庫県淡路島出身
米カリフォルニア州立大学大学院終了（ＭＢＡ）
ＴＤＫ（株）入社後、アメリカ勤務13年、ヨーロッパ勤務11年を通して、同社の欧米ビジネスの基礎を築く。１９９８年に取締役、２００９年に取締役常務執行役員で同社を退任（顧問として２０１１年まで在籍）。
ＴＤＫ退任後、国内外大手エレクトロニクス企業各社の社外取締役・顧問を務めている。
ＴＤＫ在籍中からヨーロッパ、日本、アジア各地の大学・大学院で、グローバル経営システム、多次元マトリックス経営システム（Multi-dimensional Matrix Management System=MMM、ＴＤＫのビジネスモデル特許出願第1号）、異文化経営論の客員教授を務めた。現在は、中国のトップ校である浙江大学と浙江工業大学で客員教授、上海大学で名誉教授として、ＭＢＡ講座で教鞭を取っている。
趣味　ゴルフ、音楽（楽器演奏、ギター、ウクレレ）、小型飛行機操縦

2018年3月10日　第1刷発行

ワンクリック革命
ネット電子部品取引が変える“日本のモノづくり”

ⓒ著　者　横　　伸二

発行者　脇坂　康弘

発行所　株式会社　同友館

〒113-0033 東京都文京区本郷3-38-1
TEL. 03(3813)3966
FAX. 03(3818)2774
http://www.doyukan.co.jp/

落丁・乱丁はお取り替えいたします。
三美印刷／松村製本所
ISBN978-4-496-05344-3
Printed in Japan